Struktur und strategische Handlungsoptionen deutscher Stadtwerke

Pascal Kuhn

Struktur und strategische Handlungsoptionen deutscher Stadtwerke

Aufgaben, Herausforderungen und Strategien

In prägender Erinnerung: Prof. Dr. Renate Erna Oxenknecht-Witsch, 17.2.1953 – 27.11.2022

Springer Vieweg

Pascal Kuhn
GOLDBECK SOLAR
Hirschberg an der Bergstraße, Deutschland

ISBN 978-3-658-42300-1 ISBN 978-3-658-42301-8 (eBook)
https://doi.org/10.1007/978-3-658-42301-8

Die Deutsche Nationalbibliothek verzeichnet diese Publikation in der DeutschenNationalbibliografie; detaillierte bibliografische Daten sind im Internet über https://portal.dnb.de abrufbar.

Planung/Lektorat: Daniel Froehlich
Springer Vieweg ist ein Imprint der eingetragenen Gesellschaft Springer Fachmedien Wiesbaden GmbH und ist ein Teil von Springer Nature.
Die Anschrift der Gesellschaft ist: Abraham-Lincoln-Str. 46, 65189 Wiesbaden, Germany

Das Papier dieses Produkts ist recyclebar.

Vorwort

Stadtwerken mit ihren oft mannigfachen Geschäftsbereichen wie Energieerzeugung, öffentlicher Nahverkehr, Netzbetrieb Strom/Gas/Wasser, dem Vertrieb von Strom oder Gas sowie dem Ausbau/Betrieb von Ladeinfrastruktur kommt eine maßgebliche Rolle bei der konkreten & lokalen Umsetzung von Nachhaltigkeitsprojekten zu. Gleichzeitig stehen Stadtwerke in ihren Geschäftsfeldern vielfältigen Herausforderungen gegenüber, die durch verschiedene strategische Ausrichtungen und Schwerpunktsetzungen beantwortet werden können. In der vorliegenden Arbeit wird die marktübliche Struktur von Stadtwerken anhand eines Vier-Säulen-Modells archetypisch vorgestellt, um die Geschäftsfeldspezifischen, aber auch übergreifenden Problemstellungen zu beleuchten. Anschließend werden Handlungsoptionen und grundlegende strategische Positionierungen von Stadtwerken anhand eines Drei-Akteurs-Konzeptes diskutiert. Zielsetzung ist es, einen strukturierten Überblick der deutschen Stadtwerke-Landschaft sowie durch das Aufzeigen grundlegender strategischer Handlungsoptionen Entscheidern einen auf reale Problemstellungen übertragbaren Handlungsrahmen zur Verfügung zu stellen.

Karlsruhe, Deutschland
Juli 2023

Dr. Pascal Kuhn

Inhaltsverzeichnis

Abkürzungsverzeichnis

badenova	Badenova AG & Co. KG
B2B	*Business-to-Business* – Firmenkundengeschäft
B2C	*Business-to-Consumer* – Privatkundengeschäft
B2G	*Business-to-Governnment* – Geschäft mit öffentlichen Auftraggebern
BNetzA	Bundesnetzagentur für Elektrizität, Gas, Tele-kommunikation, Post und Eisenbahnen, oberste dt. Regulierungsbehörde
BDEW	Bundesverband der Energie- und Wasserwirtschaft
BHKW	Blockheizkraftwerk
CO_2	Kohlenstoffdioxid
EBITDA	*earnings before interest, taxes, depreciation & amor-tization* – Gewinne aus gewöhnlicher Geschäftstätigkeit ohne Berücksichtigung von Zinsen, Steuern, Abschreibungen und sonstigen Finanzierungsaufwendungen
EE	Erneuerbare Energien
EEX	European Energy Exchange
EnBW	Energie Baden-Württemberg AG
EY	Ernst & Young Global Limited (EY Global)
FWF	Fernwasserversorgung Franken (Körperschaft des öffentlichen Rechts)
GW	Gigawatt, 1 GW = 1000 MW (Leistungseinheit)
GWh	Gigawattstunde, 1 GWh = 1000 MWh (Energieeinheit)
KAV	Verordnung über Konzessionsabgaben für Strom und Gas (Konzessionsabgabenverordnung)
kV	Kilovolt, (Einheit der elektrischen Spannung)
kWh	Kilowattstunde (Energieeinheit)
LCOE	*levelized costs of electricity* – Stromgestehungskosten
MW	Megawatt, 1 MW = 1000 kW (Leistungseinheit)
MWh	Megawattstunde, 1 MWh = 1000 kWh (Energieeinheit)
ÖPNV	öffentlicher Personennahverkehr
PPA	*Power Purchase Agreement* – Stromkaufvereinbarung
PV	Fotovoltaik
pwc	PricewaterhouseCoopers GmbH Wirtschaftsprüfungs-gesellschaft

RWE AG	bis 1990: Rheinisch-Westfälisches Elektrizitätswerk AG
StrG	Straßengesetz
swt	Stadtwerke Tübingen GmbH
TWh	Terawattsunde, 1 TWh = 1000 GWh (Energieeinheit)
vdek	Verband der Ersatzkassen e.V.
VDV	Verband Deutscher Verkehrsunternehmen e.V.
VKU	Verband kommunaler Unternehmen e.V.
WKA	Windkraftanlage
WWF	World Wide Fund for Nature
ZfK	Zeitung für kommunale Wirtschaft

Abbildungsverzeichnis

Motivation und Zielsetzung

1

Der deutsche energienahe Infrastruktursektor stellt mit seinen seit vielen Jahren in etwa konstant ca. 900 Stromnetzgesellschaften (vgl. Abb. 1.1, Bundesnetzagentur/Bundeskartellamt (2022)), 1356 Stromlieferanten (BDEW (2020)) sowie einer ähnlich großen Anzahl damit verbundener Stadtwerke einen in seiner Kleinteiligkeit international besonderen Markt dar. Dieser Markt steht durch Auswirkungen der Weltpolitik, aber auch durch strukturelle sowie regulatorische Komplikationen, vor Herausforderungen. Beispielhaft seien Schlagzeilen wie „*Aschaffenburger Stadtwerke fürchten um ihre Existenz*" (Main-Echo (2022)), „*Stadtwerke in der Energiekrise*" (Beutler (2022)), „*Droht Stadt-*

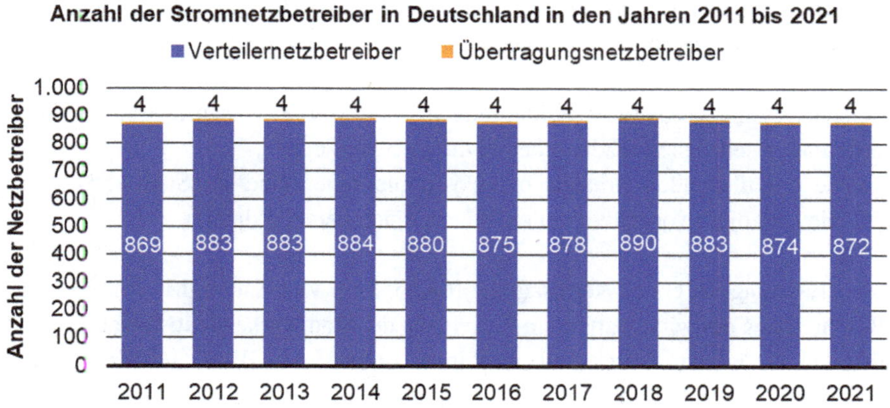

Abb. 1.1 Anzahl der Stromnetzbetreiber in Deutschland in den Jahren 2011 bis 2021. (Vgl. Bundesnetzagentur/Bundeskartellamt (2022))

Die Originalversion des Kapitels wurde revidiert. Ein Erratum ist verfügbar unter https://doi.org/10.1007/978-3-658-42301-8_5

P. Kuhn, *Struktur und strategische Handlungsoptionen deutscher Stadtwerke*,
https://doi.org/10.1007/978-3-658-42301-8_1

werken in Baden-Württemberg bald die Insolvenz?“ (SWR (2022)), „*Stadtwerke in Not – „Es ist verdammt ernst*““ (Theurer (2022)), „*Gas-Sparte zieht Stadtwerke Memmingen tief in die roten Zahlen*“ (Otto (2022)), „*Wer rettet die Stadtwerke?*“ (Sonnenberg (2022)) oder „*Krisenkonzern Uniper – Aktionäre ebnen Weg zur Verstaatlichung*“ (Wirtschaftswoche (2022)) genannt.

Gleichzeitig sind Stadtwerke wichtig für die lokale und konkrete Umsetzung von Nachhaltigkeitsbemühungen und häufig ein zentrales Instrument kommunaler Gremien zur Gestaltung der Energie- und Verkehrswende: 77 % der Geschäftsführer respektive Vorstände von 100 befragten Stadtwerken geben an, dass sie sich im Pandemie-Jahr 2020 am meisten/am intensivsten mit „Dekarbonisierungsthemen“ (EY & BDEW (2021)) befasst haben.

Diese Arbeit betrachtet fokussiert archetypische Geschäftsstrukturen deutscher Stadtwerke. Nicht alle Stadtwerke sind in allen betrachteten Geschäftsfeldern aktiv, dennoch hilft die Typisierung üblicher Geschäftsfelder bei der Analyse von Herausforderungen und Handlungsoptionen. Außerhalb Deutschlands sind Energiemärkte zum Teil durch signifikant verschiedene Rechtsrahmen und Marktstrukturen geprägt – als Beispiele seien die ausstehende Marktöffnung in der Schweiz genannt, wodurch schweizerische Endverbraucher ihren Energieversorger in aller Regel nicht frei wählen können, oder der höhere Grad an Zentralisierung in Frankreich oder Spanien. Daher beschränkt sich die Arbeit auf die deutsche Jurisdiktion.

Die Zielsetzung ist, ausgehend von einer Beschreibung des Status quos, Entscheidern im Umfeld von Stadtwerken einen auf die realen Problemstellungen übertragbaren, individuell auszufüllenden Handlungsrahmen zur Verfügung zu stellen. Die Darstellung der Strukturen und der Herausforderungen innerhalb der Stadtwerke-Landschaft soll ferner Branchenfremden einen raschen Einstieg in die komplexe Thematik ermöglichen.

Konkret werden folgende Kernfragen thematisiert:

1. Welche Geschäftsstruktur & -felder sind für Stadtwerke typisch & welchen Herausforderungen sehen sich Stadtwerken in diesen ausgesetzt?
2. Welche grundlegenden strategischen Positionierungen sind für Stadtwerke denkbar und wie sind diese vor individuellen Hintergründen einzuordnen?

Zur Beantwortung der ersten Kernfrage führt Kap. 2 ein Vier-Säulen-Modell ein, welches zur Beschreibung der wirtschaftlichen Aktivitäten der Stadtwerke dient. Die einzelnen Geschäftsbereiche werden vorgestellt und insbesondere mit Blick auf deren Herausforderungen analysiert. Kap. 3 gliedert, ausgehend vom Vier-Säulen-Modell, mögliche strategische Positionierungen in drei grundlegende Ausprägungsformen, dem Drei-Akteurs-Konzept. Die für die einzelnen strategischen Positionierungen notwendigen Erfolgsfaktoren werden hergeleitet und im Zusammenhang individueller Ausgangslagen diskutiert. Die Ergebnisse werden kurz in Kap. 4 zusammengefasst.

Diese Arbeit wurde im Frühjahr 2023 verfasst, welche eine für die Energiewirtschaft äußerst ungewöhnlich unruhige Zeit darstellt. Die Verwerfungen an den Energiemärkten, politische Entscheidungen sowie wirtschaftliche Dynamiken stellen eine Herausforderung für Prognosen dar – gleichzeitig verdeutlichen sie den Bedarf einer strukturierten Handreichung.

2 Status quo und Herausforderungen der Geschäftsfelder und Geschäftsstrukturen

Zur strukturierten Betrachtung der wirtschaftlichen Aktivitäten von Stadtwerken werden die einzelnen Geschäftsfeldern vier Säulen zugeordnet, welche von übergreifenden sowie unterstützenden Tätigkeiten getragen werden und in Kultur respektive Selbstverständnis ihren Abschluss finden. Das Vier-Säulen-Modell wurde für diese Untersuchung konzipiert und ist inspiriert durch die drei Segmente der Strategie 2025 der Energie Baden-Württemberg AG (vgl. EnBW (2022)), welche unter den Überschriften (1) „*Intelligente Infrastruktur für Kund*innen*“, (2) „*Systemkritische Infrastruktur*“ und (3) „*Nachhaltige Erzeugungsinfrastruktur*“ subsummiert werden.

Zusammen bilden die hier verwendeten vier Säulen zusammen mit Kultur und übergreifenden Tätigkeiten das Strategiehaus eines archetypischen Stadtwerks, welches in Abb. 2.1 dargestellt ist.

Die Gliederung der Aktivitäten erfolgt anhand der Kundengruppen, welche an dieser Stelle kurz zusammengefasst und in den folgenden Abschnitten ausführlich diskutiert werden:

Die erste Säule (detailliert vorgestellt in Abschn. 2.2, Energieerzeugung und Handel, hat als Hauptkunden die Strombörse EEX in Leipzig sowie weitere Commodity-Handelsplätze. Große Anteile der Stromerzeugung werden am Spot- oder Terminmarkt anonym verkauft, nur kleinere Anteile finden über Instrumente wie Power Purchase Agreements (PPAs) bilateral Abnehmer. Analoges gilt für weitere relevante Handelsgüter wie Gas, CO_2-Zertifikate oder Kohle. In der ersten Säule sind sowohl alle konventionellen wie auch die erneuerbaren Kraftwerke beheimatet.

Die zweite Säule umfasst das regulierte Geschäft, in welchem natürliche Monopole im Strom- und Gasnetz durch die Bundesnetzagentur (BNetzA) als Aufsichtsbehörde überwacht werden. Die Regulierung der Wassernetze liegt, trotz gegenteiliger Forderungen der Bundesnetzagentur (vgl. VKU (2011)) bei den obersten Wasserbehörden der Länder

P. Kuhn, *Struktur und strategische Handlungsoptionen deutscher Stadtwerke*,
https://doi.org/10.1007/978-3-658-42301-8_2

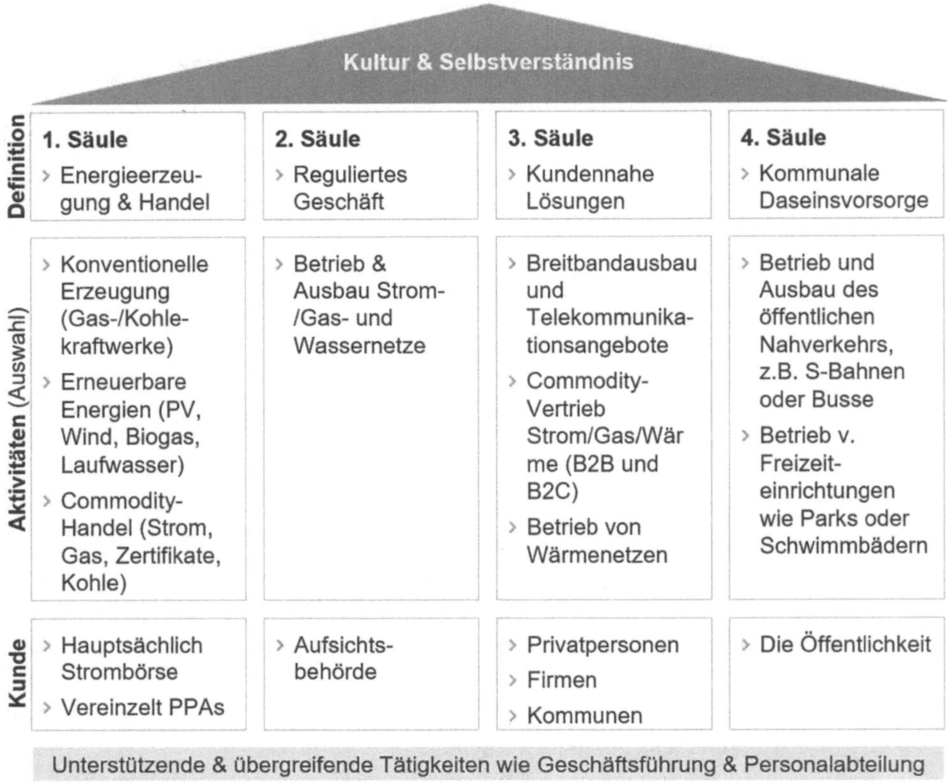

Abb. 2.1 Strategiehaus der Stadtwerke mit den gegliederten Einzelaktivitäten. (Eigene Darstellung)

(i. d. R. die Umweltministerien, vgl. für Baden-Württemberg § 80 Wassergesetz BW). Dennoch ist die kaufmännisch-regulatorische Geschäftsstruktur aus Sicht der Stadtwerke ähnlich wie jene der Strom- und Gasnetze. Die Aktivitäten der zweiten Säule umfassen den Betrieb, die Wartung und den Ausbau von Strom-, Gas- und Wassernetzen und werden in Abschn. 2.3 diskutiert. Breitband- und Wärmenetze unterliegen ebenfalls regulatorischen Rahmenbedingungen, welche beispielsweise im Telekommunikationsgesetz hinterlegt sind, jedoch handelt es sich hierbei nicht um natürliche Monopole, sodass diese der dritten Säule zugeordnet werden.

Diese dritte Säule beinhaltet das kundennahe Geschäft. Kunden hierbei sind Privatpersonen, Firmen oder auch Kommunen. Die angebotenen Leistungen haben eine große Spannweite und reichen von Breitbandprojekten, über Telekommunikationsdienstleistungen wie beispielsweise Internetverträgen, hin zum Ausbau von Ladeinfrastruktur oder netznahen Dienstleistungen wie beispielsweise dem Aufbau von Transformatoren für andere Netzbetreiber. Das klassische kundennahe Geschäft ist der Vertrieb von Strom und Gas an Privat- und Firmenkunden. Abschn. 2.4 ist dieser Säule gewidmet.

In **der vierten Säule**, vorgestellt in Abschn. 2.5 sind Aufgaben der kommunalen Daseinsvorsorge beheimatet, welche als Kundschaft die allgemeine Öffentlichkeit haben und im Allgemeinen defizitär sind. Dies beinhaltet den Betrieb des öffentlichen Nahverkehrs sowie weitere Engagements für Freizeiteinrichtungen wie Schwimmbäder, Eislaufhallen, Parks oder touristische Attraktionen.

Unterstützende und übergreifende Tätigkeiten bilden gleichsam das Fundament des Vier-Säulen-Modells: Innerhalb eines Stadtwerks haben bestimmte Bereiche interne Abteilungen mit entsprechender Kostenverrechnung als Kunden (Holding-Struktur und -Funktionen). Darunter fallen beispielsweise die Aktivitäten der Geschäftsführung, der Personal- oder Controlling-Abteilung. Die Herausforderungen dieser übergreifenden Tätigkeiten werden in Abschn. 2.1 thematisiert.

Das Dach des Strategiehauses bilden die Begriffe Kultur und Selbstverständnis, welche zwar an sich keine Geschäftsfelder definieren, die strategische Positionierung und den wirtschaftlichen Erfolg jedoch maßgeblich prägen. Hierauf wird, das Strategiehaus von unten nach oben aufbauend, in Abschn. 2.6 eingegangen.

Abb. 2.2 stellt die Geschäftsbereiche der rund 1500 Mitgliedsunternehmen im Verband kommunaler Unternehmen (VKU) dar: Schwerpunkte bildet neben der Verantwortung für die Wasserversorgung die Bereiche Strom und Gas (inklusive Handel), die Wärmebereitstellung und die Abfallentsorgung. Eine im Vergleich kleine Zahl kommunaler Unternehmen ist im Abwasser und im Breitband aktiv. Weitere Geschäftsbereiche wie Ladeinfrastruktur sind nicht aufgeschlüsselt. An der Abbildung wird deutlich, dass das in dieser Arbeit vorgestellte Vier-Säulen-Modell alle aufgeführten Geschäftsbereiche der Stadtwerke abschließend beinhalten und klassifizieren kann.

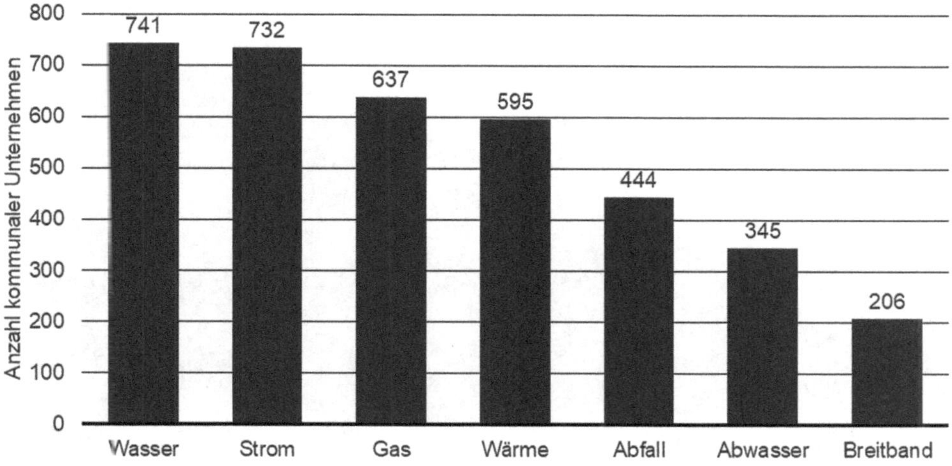

Abb. 2.2 Betriebszweige der Mitgliedsunternehmen (gesamt: ca. 1500) des Verbands kommunaler Unternehmen (VKU) in Deutschland im Jahr 2021. (Inkl. Doppelzählungen, vgl. VKU (2022))

2.1 Übergreifende Tätigkeiten und Herausforderungen

Übergreifende respektive unterstützende Tätigkeiten werden innerhalb eines Stadtwerks für interne Kunden geleistet. Hierunter fallen im engeren Sinn Leistungen der kaufmännischen Bereiche (z. B. Personal, Controlling, Buchhaltung) sowie die der Geschäftsführung. Weitere häufig übergreifend arbeitende Bereiche sind unter anderem die Finanz-, IT- und die Rechtsabteilung sowie Stabs- und Strategieabteilungen – hierbei werden Geschäftsfeld-individuelle Spezifika in den folgenden Abschnitten zusammen mit den Geschäftsfeldern diskutiert. Weitere unterstützende Tätigkeiten wie ein ggf. zentralisiertes Risikomanagement, der Fuhrpark oder Kantine werden aufgrund ihrer individuellen, kleinteiligen Spezifika sowie der gegebenen Externalisierbarkeit nicht näher betrachtet.

Fachkräftemangel

Eine zentrale, übergreifende Herausforderung, welche nach einer Studie der Kanzlei Rödl & Partner bereits 46 % der Befragten spüren, ist der Fachkräftemangel in der Energiewirtschaft (vgl. Rödl & Partner (2019)). Diese Problematik wurde von zahlreichen weiteren Veröffentlichungen aufgegriffen (vgl. pwc (2022), Wulfers (2022), ZfK (2022)). Der Fachkräftemangel trifft die Stadtwerke doppelt: Zum einen können Stellen innerhalb des Stadtwerks nicht, nicht zeitnah oder nicht qualifiziert besetzt werden. Zum anderen schränken Personalengpässe die Leistungsfähigkeiten von Lieferanten ein. Es ist davon auszugehen, dass aufgrund des demografischen Wandels sowie der Altersstruktur der Energiewirtschaft (vgl. Sydow (2022)) dieser Engpass, temporär durch gesamtwirtschaftliche Rezessionen gelindert, sich in der Tendenz stark verschärfen wird:

Die demografische Entwicklungsprognose ist für Deutschland in Abb. 2.3 visualisiert: Bis 2060 wird sich die Personenzahl zwischen 20 und 67 Jahren von 51,8 Mio. Menschen

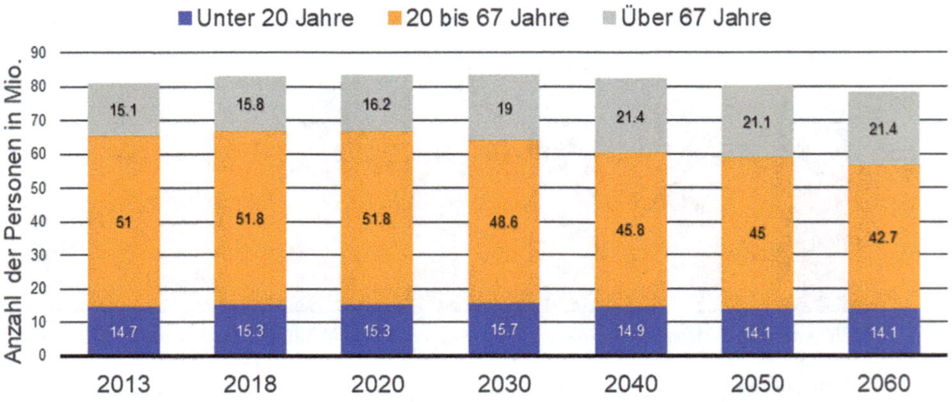

Abb. 2.3 Prognostizierte Bevölkerungsentwicklung in Deutschland nach Altersgruppen in den Jahren von 2013 bis 2060 (in Millionen, vgl. vdek (2022))

auf voraussichtlich 42,7 Mio. reduzieren – hierdurch wird der Anteil der dem Arbeitsmarkt zur Verfügung stehenden Bevölkerung drastisch zurückgehen.

Mögliche Initiativen zur Adressierung dieser Herausforderung (vgl. pwc (2022), Thüga (2022), ZfK (2022b)) sind unter anderem die

1. kulturelle Entwicklung der Personalabteilung hin zur (pro)aktiven, individualisierten Gestaltung des Personalkörpers,
2. die Stärkung von Maßnahmen zur langfristigen Bindung und Entwicklung von Mitarbeitenden,
3. die Erschließung neuer Personalreservoirs wie z. B. Frauen in technischen Berufen, Migranten oder nur für Teilgewerke qualifizierte, ggf. angelernte, Facharbeiter,
4. eine Ausbildungsoffensive quer über duale Studiengänge, Ausbildungsplätze, Trainee- und Seiteneinsteigerprogramme,
5. anorganische Optionen im Zusammenhang mit der Eingliederung von Handwerksbetrieben,
6. eine starke, glaubwürdige Positionierung als Arbeitgebermarke sowie
7. Kooperationen mit konkurrierenden Häusern im Sinne eines Ressourcenpoolings.

Es ist davon auszugehen, dass diese Maßnahmen Personalengpässe insbesondere in wirtschaftlich starken Regionen allenfalls abmildern, aber nicht vollständig auflösen können – daher ist der Fachkräftemangel in der strategischen Positionierung zu berücksichtigen.

Eine weitere Herausforderung stellen die Investitionssummen dar, welche durch die Energiewende in den angestammten Geschäftsfeldern der Stadtwerke mittel- und langfristig zu tätigen sind – als Beispiel sei die notwendige Optimierung, Verstärkung oder der Ausbau der Stromnetze, getrieben durch Elektromobilität und die Zunahme erneuerbarer Energien, genannt. Diese steigenden Investitionsbedarfe treffen auf eine Finanzierungssituation, welche sich für Stadtwerke in den letzten Jahren grundlegend verschlechtert hat: Galten Stadtwerke, gerade mit kommunaler Eigentümerstruktur, lange Zeit aus Sicht der Banken als ausfallrisikofrei, so änderte sich dies nach dem Insolvenzantrag der Stadtwerke Gera 2014 (vgl. Fischer (2017)). Die 2013 in Kraft getretenen, die Liquiditätssituation und das Risikomanagement der Finanzinstitute berührenden Vorschriften zur Stärkung des Bankensektors (Basel III, vgl. Hofmann et al. (2014)) tragen ebenfalls zu einer Anspannung in der Finanzierungslage der Stadtwerbe bei. Darüber hinaus haben sich seit 2017, d. h. bereits vor den Verwerfungen des Ukrainekriegs, die Bonitätskennziffern der 50 größten Kommunalversorger verschlechtert (vgl. Markt und Mittelstand (2022)). Hierdurch ist nicht mehr gewährleistet, dass Hausbanken notwendige Kreditmittel zur Verfügung stellen (vgl. Rödl & Partner (2015), SWR (2022)).

Alternative Finanzierungswege müssen daher erschlossen werden (vgl. ZfK (2021)): Diese beinhalten (1) *Green Bonds/Grüne Anleihen*, d. h. Finanzierungsinstrumente speziell für Projekte mit positiven Umwelt- oder Klimaauswirkungen. Beispielhaft hierfür seien die Aktivitäten der Energie Baden-Württemberg AG genannt (vgl. Hannen (2022)). Aufgrund der Komplexität steht dieser Weg allerdings nur größeren Häusern oder Großprojekten offen.

Ein weiterer Lösungsansatz stellt die Bildung und Öffnung einer (2) *Asset-Gesellschaft* dar. Hierzu werden Unternehmensteile verkauft, wodurch die neuen Miteigentümer neben den Einnahmen auch an den Investitionsbedarfen beteiligt werden – ein aktuelles Beispiel ist die Öffnung der TransnetBW GmbH (vgl. Handelsblatt (2022)).

Daneben sind (3) *weitere Finanzierungsquellen* zu prüfen: Hierzu zählen unter anderem Mezzanine-Kapital, Bürgergenossenschaften/Crowd Founding und Leasing-Modelle.

Legacy-Problematik Eine weitere Problemstellung unterstützender Tätigkeiten innerhalb vieler Stadtwerke sind sogenannte Legacy-Kosten (*legacy*, aus dem Englischen: Vermächtnis, Erbe, Auswirkung): Stadtwerke blicken unter Berücksichtigung von Vorgängerorganisationen auf eine zum Teil lange Tradition zurück und gerade im Zuge der Marktliberalisierung wurden viele Sonderwege, beispielsweise in der IT oder der Dokumentation beschritten. Dieses Vermächtnis stellt insbesondere für die Digitalisierung der betroffenen Häuser sehr kostenintensive Hindernisse dar (vgl. Walter (2019), Viehhauser (2022)). Bereits 2017 wurden in einer Befragung Rationalisierungsprogramme, also nicht zuletzt die Reduktion von Legacy-Kosten, von 51 % der Befragten Entscheidungsträger aus der Energiewirtschaft als notwendig für die Steigerung der Profitabilität in den wettbewerblichen Geschäftsfeldern betrachtet (vgl. pwc (2017)).

Für die Lösung von Legacy-Herausforderungen gibt es keine Patentrezepte: Regelmäßig sind Systemumstellungen oder Projekte zur Datenaufbereitung mit erheblichen Kosten verbunden; häufig werden solche Projekte entsprechend depriorisiert behandelt. Gleichzeitig erwachsen aus veralteten Systemlandschaften monetäre und juristische Risiken. Ein adäquates Risikomanagement ist folglich notwendig.

Regulatorik Weitere Herausforderungen, insbesondere für die Geschäftsführung, stellt der regulatorische Rahmen dar. Dieser wird im Abschn. 2.3 betrachtet. Als allgemeine Sorge leitender Angestellter in der Energiewirtschaft muss die deutsche Bürokratie mit in der operativen Umsetzung herausfordernden Regelungen und zähen Genehmigungsverfahren erwähnt werden (vgl. Altmayer (2022), Döbler (2022), Thois (2022)). Die Lösung dieser Probleme liegt außerhalb des direkten Einflussbereiches der Stadtwerke und wird daher in dieser Arbeit nur mit Blick auf einzelne Geschäftsfelder betrachtet.

Die Geschäftsführung ist ihrem Aufsichtsrat verpflichtet, welcher nicht zuletzt durch die häufig kommunalen/staatlichen Eigentümer geprägt ist. Diese politische, kommunale Nähe und deren Einflüsse kann positive Effekte auf die Unternehmung haben, jedoch auch viel Aufmerksamkeit aus dem Management binden. Als Beispiel für eine solche Situation sei die Aufspaltung des Steag-Konzerns genannt, bei der sich die sechs Kommunen umfassende Kommunale Beteiligungsgesellschaft GmbH als sehr aktivistisch hervorgetan hat

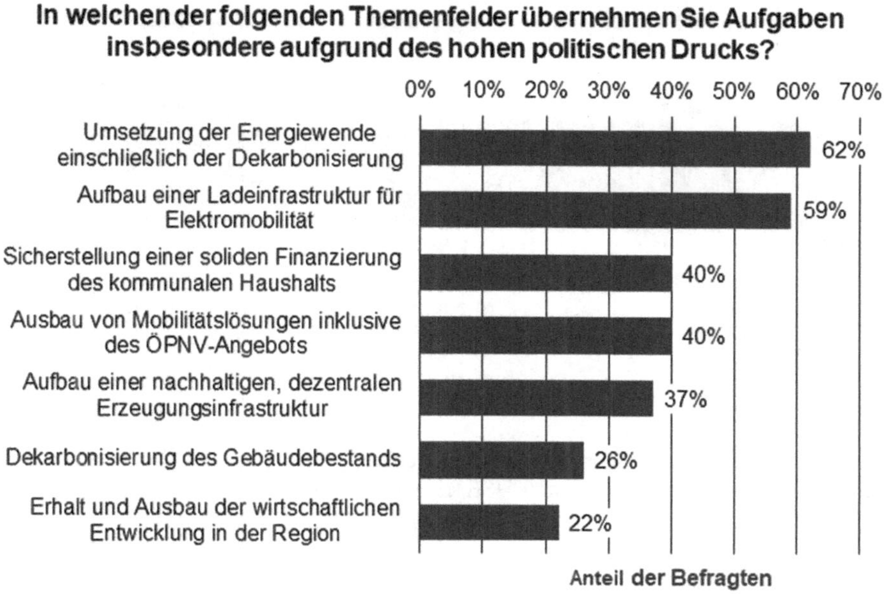

Abb. 2.4 Aufgabenübernahme durch politischen Druck – gefragt wurde: *In welchen der folgenden Themenfelder übernehmen Sie Aufgaben insbesondere aufgrund des hohen politischen Drucks?* Befragt wurden im Jahr 2021 100 Geschäftsführer und Vorstände von Stadtwerken und Energieversorgern in Deutschland, Österreich und der Schweiz. (Vgl. EY & BDEW (2021))

und einen kurzfristigen Verkaufserlös gegenüber langfristigen unternehmerischen Perspektiven präferierte (vgl. Hielscher (2022), Schütze (2022)).

Die politische Nähe kann in politischen Druck münden, welcher Entscheidungen der Stadtwerke hinsichtlich ihrer strategischen Ausrichtung, Prioritätensetzungen und Geschäftsfeldaktivitäten beeinflusst. Abb. 2.4 fasst die durch politischen Druck – sei es auf kommunaler, Landes- oder Bundesebene – beeinflusste Aufgabenübernahme aus Vorstands- und Geschäftsführungssicht zusammen: 59 % bauen Ladeinfrastruktur „*insbesondere aufgrund hohen politischen Drucks*" auf, was sogar für 62 % der Befragten die Motivation für die Umsetzung der Energiewende ist. Auch die „*Sicherstellung einer soliden Finanzierung des kommunalen Haushalts*" schafft es mit 40 % unter die Top 3 der Antworten. Weitere solche Aufgabenübernahmen werden in Abschn. 2.5 weiter betrachtet.

2.2 1. Säule: Energieerzeugung & Handel

In diesem Abschnitt wird auf die Geschäftsfelder Energieerzeugung und Handel eingegangen. Hierfür wird zunächst die aktuelle Struktur der deutschen Stromerzeugung vorgestellt (vgl. Burger (2023)) – Abb. 2.5 veranschaulicht die öffentliche Nettostromerzeugung in Deutschland im Jahr 2022:

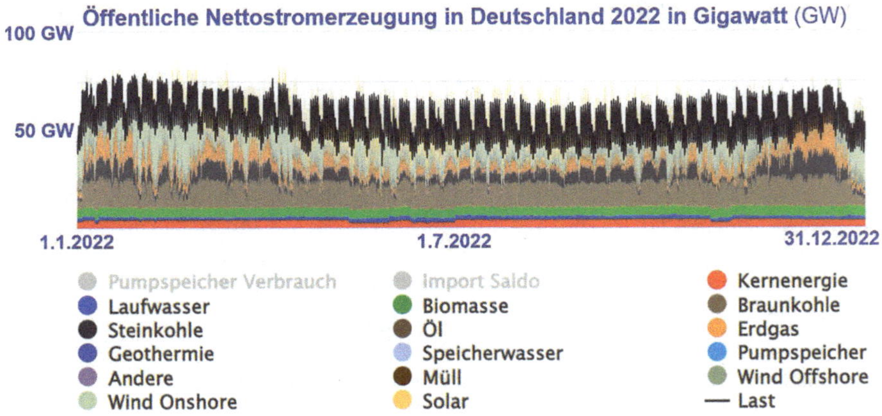

Abb. 2.5 Öffentliche Nettostromerzeugung in Deutschland 2022 in Gigawatt (GW), aufgeschlüsselt nach Erzeugungsanlagen. (Vgl. Fraunhofer ISE (2023))

Windkraftanlagen trugen im Jahr 2022: 123,5 Terawattstunden (TWh, Energieeinheit) zur gesamten Nettostromerzeugung von 549,6 TWh bei (im Vergleich zur öffentlichen Nettostromerzeugung ist in letztgenannter Zahl noch die Eigenstromerzeugung von Industrie- und Rohstoffbetrieben inkludiert). Hierfür standen Ende November 2022 eine installierte Leistung von 58,2 Gigawatt (GW, Leistungseinheit) onshore, d. h. auf dem Land stehende Windkraftanlagen, sowie 8,1 GW offshore, also auf dem Meer befindliche Anlagen, zur Verfügung. Die Windkrafterzeugung ist in grünlichen Tönen dargestellt und bildete die stärkste Energiequelle des Jahres. Die Fotovoltaik (Anteil in 2022: 57,6 TWh – drittstärkste Energiequelle des Jahres nach Wind und Braunkohle) ist in Gelb dargestellt. Aus Wasserkraft (blau dargestellt) mit einer installierten Leistung von 4,94 GW konnten 2022 16 TWh gewonnen werden. Biomasse (dunkelgrün in Abb. 2.5) produzierte 42,2 TWh mit einer installierten Leistung von 9,3 GW. Solar, Wind, Wasser und Biomasse produzierten 2022 in Deutschland 244 TWh elektrische Energie, was 8 % über dem Niveau des Vorjahres liegt. Damit betrug der Anteil erneuerbarer Energien an der öffentlichen Stromerzeugung 2022 49,6 % (2021: 45,6 %).

2022 wurde aus Kernenergie (rot in Abb. 2.5) 32,8 TWh elektrische Energie erzeugt, was einer Halbierung gegenüber 2021 entspricht und mit der Abschaltung dreier Atomkraftwerke zum 31.12.2021 begründet ist. Braunkohlekraftwerke produzierten mit 107 TWh 8 TWh mehr als 2021, Steinkohlekraftwerke produzierten mit 56 TWh 9 TWh mehr als im Vorjahr. Dies ist ein Resultat aus dem Anstieg des Gaspreises und dem damit zusammenhängenden Rückgang der Gasverstromung um 5 TWh auf 47 TWh (2022).

Im deutschen Stromhandel wurde 2022 ein Exportüberschuss von 26 TWh erreicht. Exportiert wurde unter anderem 16,0 TWh nach Österreich und 15,3 TWh nach Frankreich. Auf der anderen Seite wurden beispielsweise 10,3 TWh aus Dänemark importiert. Der Stromverbrauch sank im Vergleich zu 2021 um 20 TWh auf 484 TWh. Der durchschnittliche Day-Ahead Börsenstrompreis lag 2022 bei 23,058 ct/kWh und damit ca. 2,5-fach über dem Wert von 2021 (9,335 ct/kWh) sowie ca. 6,3-fach über dem Wert von 2019 (3,665 ct/kWh).

2.2.1 Konventionelle Erzeugung

Konventionelle Erzeugungsanlagen werden definiert als Kohlekraftwerke, Gaskraftwerke und Gas-befeuerte Blockheizkraftwerke (BHKW). Diese Anlagen dienen häufig sowohl der Strom- als auch der Wärmeversorgung.

Auch die bis April 2023 am Stromnetz verbleibenden drei deutschen Kernkraftwerke werden unter diesen Begriff subsummiert. Die deutsche Kohlekraftwerksflotte besteht Stand 2022 aus ca. 140 Anlagen, welche ca. 40 GW Kraftwerkskapazität dem Strommarkt zur Verfügung stellt, hinzu kommen 744 Gaskraftwerke inklusive Gruben- und Deponiegas (exklusive Klär- und Biogas) mit ca. 30 GW Leistung. Weitere Energieträger wie Klärschlamm (eine Anlage mit 3,6 MW elektrischer Wirkleistung) oder Mineralöl (106 Anlagen mit 4,7 GW) spielen eine kleinere Rolle. Erwähnenswert sind noch die drei verbliebenen deutschen Kernkraftwerke in Essenbach, Lingen und Neckarwestheim mit einer elektrischen Wirkleistung von über 4 GW, deren Laufzeit bis zum 15.04.2023 verlängert wurde (vgl. Bundesnetzagentur (2022b)).

Aufgrund der großen technischen Nähe werden dem Segment der konventionellen Erzeugung auch Müllverbrennungsanlagen sowie Klärschlamm-Monoverbrennungsanlagen zugeordnet, obwohl deren Brennstoff als ‚nachwachsend' klassifiziert werden könnte. Diese Anlagen müssen zudem ab 01.01.2023 einen Preis für das emittierte Kohlenstoffdioxid (CO_2) entrichten (vgl. Bundestag (2022)).

Konventionelle Erzeugungsanlagen sehen sich vielfältigen Herausforderungen und Zielkonflikten ausgesetzt: Vor dem Hintergrund des Klimawandels wurde neben dem Atomausstieg ein Ausstieg aus der Kohleverstromung beschlossen. Gleichzeitig ist die Verstromung von Gas durch die stark gestiegenen, die Knappheit des Gutes widerspiegelnden und den Gesamtstrompreis maßgeblich beeinflussenden Preise volkswirtschaftlich kritisch. Größere Investitionen in konventionelle Erzeugungsanlagen erscheinen gegenüber der Bevölkerung, aber auch gegenüber allen übrigen Stakeholdern, kaum vermittelbar. Daneben stellen sich kommerzielle Fragen nach der Wettbewerbsfähigkeit konventioneller Stromerzeugung, insbesondere hinsichtlich der Bepreisung von CO_2-Zertifikaten und den komparativen Stromgestehungskosten erneuerbarer Energien (s. nächster Abschnitt). Daher zeichnet sich eine Desinvestitionsstrategie mit Blick auf konventionelle Anlagen ab.

Zur Erhöhung des Wirkungsgrades und der effizienten Nutzung der Abwärme sind an viele konventionelle Großkraftwerke (z. B. Rheinhafen-Dampfkraftwerk Karlsruhe, Kraftwerk Heilbronn, vgl. EnBW (2021)) Nah- und Fernwärmenetze angeschlossen. So versorgt das Kraftwerk Rostock z. B. mehr als die Hälfte aller Haushalte mit Fernwärme (vgl. Kraftwerk Rostock (2023)). Da die so beheizten Wohnungen und Gewerbeflächen in vielen Fällen baulich kaum auf alternative Wärmequellen umgerüstet werden können, ergibt sich ein Kontinuitätszwang – auch nach einem Kohleausstieg muss diesen Kunden Fernwärme zur Verfügung gestellt werden. Die hierfür notwendigen Überlegungen und Investitionen werden unter dem Begriff *Fuel Switch* subsummiert, schließen Rückbaumaßnahmen mit ein und planen häufig mit einer Umstellung auf Gas als Energieträger (vgl. EnBW (2021)).

2.2.2 Erneuerbare Energien

Als erneuerbare Energien werden Stromerzeugungsanlagen basierend auf solarer Einstrahlung, dem Wind und Fließgewässern definiert. Darüber hinaus sind Biogas- sowie weitere Biomasse-Anlagen wie Hackschnitzel-Blockheizkraftwerke in dieser Kategorie zu verorten. Wie im vorangegangenen Abschnitt thematisiert werden Müllverbrennungsanlagen und Klärschlamm(mono)verbrennungsanlagen trotz ihres als ‚nachwachsend' klassifizierbaren Brennstoff den konventionellen Anlagen zugeordnet. Eine Abschätzung der Wirtschaftlichkeit einer möglichen Wasserstoffverwendung wird am Ende dieses Abschnittes vorgenommen.

Die **erzeugungsgewichteten Kosten** von Energieerzeugungsanlagen können über die Kennzahl Stromgestehungskosten (engl. *levelized costs of electricity,* Abkürzung: LCOE) vergleichbar gemacht werden (vgl. Ueckerdt et al. (2013), Castro-Santos et al. (2015)), welche jedoch nicht jedweder Kritik entbehrt (vgl. Loewen (2020), Loth et al., (2022)). Die Stromgestehungskosten setzen sich aus dem Verhältnis der in der gesamten Lebenszeit der Anlage angefallenen (ggf. abgezinsten) Kosten zur im gleichen Zeitraum erzeugte Strommenge zusammen und werden in der Einheit Cent/kWh angegeben. Die Berechnung kann mit folgender Formel (vgl. Short et al. (1995), Nissen et al. (2019)) beschrieben werden:

$$LCOE = \frac{Gesamtkosten\ der\ Anlage\ über\ die\ Lebenszeit}{Gesamtproduktion\ elektrischer\ Energie\ über\ die\ Lebenszeit}$$

$$= \frac{\sum_{t=1}^{n} \frac{I_t + M_t + F_t + D_t}{(1+r)^t}}{\sum_{t=1}^{n} \frac{E_t}{(1+r)^t}}$$

I_t: Investitionsaufwände im Jahr t
M_t: Betriebs- und Wartungskosten im Jahr t
F_t: Brennstoffkosten im Jahr t
D_t: Rückbaukosten im Jahr t
E_t: Bereitgestellte elektrische Energie im Jahr t
r: Diskontierungsfaktor
n: Erwartete Lebenszeit der Anlage

Erneuerbare Energien stellen in Deutschland die günstigste Möglichkeit der Energieerzeugung dar: Eine Studie des Fraunhofer-Instituts für Solare Energiesysteme (Kost et al. (2021)) findet im Juni 2021 für Fotovoltaikanlagen in Deutschland Stromgestehungskosten von minimal 3,1 Cent/kWh. Onshore-Windkraftanlagen werden auf Stromgestehungskosten zwischen 3,9 und 8,3 Cent/kWh taxiert. Biogasanlagen liegen im Vergleich zwischen 8,5 und 17,3 Cent/kWh. Im Vergleich hierzu betragen die Stromgestehungskosten der Braunkohlekraftwerke zwischen 10,4 und 15,3 Cent/kWh, die LCOEs von Steinkohlekraftwerken liegen sogar zwischen 11,0 Cent/kWh und 20,0 Cent/kWh. Gaskraftwerke erreichen, auch bereits vor den Verwerfungen 2022, im Juni 2021 LCOEs von bis zu 29,0 Cent/kWh.

Onshore-Windkraftanlagen Wie die konventionellen Stromerzeugungsanlagen stehen auch die erneuerbaren Energien vor Herausforderungen: Im Bereich der Onshore-Windkraftanlagen ist dies vor allem der Widerstand in der Bevölkerung, welcher insbesondere für das Selbstverständnis lokal verwurzelter Stadtwerke problematisch ist – ein Beispiel eines solchen Spannungsfeldes ist der Rückzug der badenova aus Windkraftprojekten (vgl. Bargmann (2019)).

Offshore-Windkraftprojekte sind für einzelne Stadtwerke aufgrund der benötigten Investitionssummen nicht realisierbar. Eine Beteiligung an solchen Windparks mag opportun erscheinen, ist allerdings aufgrund der fehlenden Wertschöpfung innerhalb des Stadtwerks als reine Finanzbeteiligung zu werten (vgl. Dirner (2022)).

Freiflächen-Fotovoltaik-Anlagen weisen im Vergleich zu (offshore) Windkraftanlagen eine geringere Komplexität auf, womit dieses Segment ein für Stadtwerke einfacher zu bearbeitendes Geschäftsfeld darstellt – allerdings geht dies mit einem höheren Wettbewerbsdruck einher. Diesem Wettbewerbsdruck kann unter anderem durch Kooperationen mit Projektierungsgesellschaften (Beispiele: Kooperation der Stadtwerke Tübingen mit ABO Wind, vgl. SWT (2022), und Kooperation Stadtwerke Heidelberg mit Conergy, vgl. pv magazine (2021)) oder durch einen klaren Fokus auf die Verwendung eigener oder kommunaler Grundstücke begegnet werden.

Auf **PV-Aufdachanlagen** können diese Aussagen auch übertragen werden: Stadtwerke können in diesem tendenziell kleinteiligen Markt mit ihren Prozessen und Kostenstrukturen kaum mit mittelständischen Solarteuren konkurrieren. Gleichzeitig können Handwerksbetriebe komplexe Reststrom-/ProSumer-Angebote, z. B. in Zusammenhang mit privater Ladeinfrastruktur und Batteriespeichern, in der Regel nicht selbstständig anbieten und könnten im Rahmen einer Kooperation von dem Know-How, dem Kundenstamm und dem Bekanntheitsgrad eines Stadtwerks profitieren. Die Attraktivität solcher Kooperationen hängt aus Sicht der Handwerksbetriebe von deren Auslastungsgrad ab, d. h. erscheint bei hohem Auslastungsgrad als wenig sinnhaft. Auch Kooperationen mit Immobiliengesellschaften, deren Portfoliogröße die Leistungsfähigkeit kleinerer Solarteure übersteigen kann, können eine attraktive Marktnische für Stadtwerke darstellen – beispielhaft sei die Kooperation der Berliner Stadtwerke mit der Berliner Immobilienmanagement GmbH genannt (vgl. Solarserver (2020)). Besonders naheliegend erscheint die Realisierung von Mieterstromkonzepten auf städtischen Gebäuden (z. B. Gebäuden der städtischen Wohnungsbaugesellschaft). Durch die regulatorische Komplexität muss der Mieterstrom-Markt in Deutschland als unterentwickelt bezeichnet werden (vgl. Wagner et al. (2022), Kuhn (2023)).

Biogasanlagen befinden sich selten im Eigentum von Stadtwerken – 73,9 % der Biogasanlagen haben Landwirte als Eigentümer, nur 3,3 % sind im Eigentum von Energieversorgungsunternehmen (vgl. Agentur für Erneuerbare Energie (2023)). Stadtwerke mit entsprechenden Anlagen sind unter anderem die Stadtwerke Fellbach (vgl. Stadtwerke Fellbach (2023)), eine Minderheitsbeteiligung der Stadtwerke Sinsheim (vgl. Stadtwerke Sinsheim (2023)), die Stadtwerke Mühlacker (vgl. Stadtwerke Mühlacker (2023)), die im Mehrheitsbesitz der Stadtwerke Zittau befindliche Biomethan Zittau GmbH (vgl. Stadtwerke Zittau (2023)) oder die Stadtwerke Pforzheim mit einer Klärgase nutzenden Anlage (vgl. Karadeniz (2022)). Aufgrund der landwirtschaftlichen Prägung und dem Fehlen signifikanter Ausbaupotenziale erscheint eine Marktbearbeitung dieser Form der erneuerbaren Energien für einzelne Stadtwerke als wenig zielführend, wird jedoch von wenigen größeren Akteuren mit dem Ziel einer regionalen Konsolidierung aktiv verfolgt (vgl. VNG (2023), ZfK (2023)).

Wasserkraftpotenziale in Deutschland sind weitgehend ausgeschöpft; weitere Projekte erscheinen aufgrund umweltplanerischer Vorgaben und der Haltung in der Bevölkerung als nicht umsetzbar. Vereinzelt werden Potenziale in Form von Kleinwasserkraftwerken erschlossen, wobei sich Fragen nach der Wirtschaftlichkeit und des ökologischen Kosten-Nutzen-Verhältnisses (vgl. WWF (2022)) stellen. Folglich stellt dieses Marktsegment kein signifikant ausbaufähiges Geschäftsmodell für Stadtwerke dar.

Alternative Konzepte zu den mittlerweile etablierten erneuerbaren Energien befinden sich weitere Konzepte in verschiedenen Stadien der technologischen Reife: Erwähnenswert ist u. a. die *floatovoltaic*, d. h. auf Gewässern schwimmende Fotovoltaikanlagen, welche zum Teil bereits Marktreife erlangt hat (vgl. Hooper et al. (2021), Hayibo et al. (2022)). Weitere Überlegungen wie Agrofotovoltaik, welche landwirtschaftlich genutzte Flächen gleichzeitig zur Stromerzeugung nutzen möchte, oder integrierte Fotovoltaikanlagen (z. B. in Lärmschutzwänden oder Hausdächern) könnten in Zukunft finanziell abbildbar sein (vgl. Shukla et al. (2016), Weselek et al. (2019), Junedi et al. (2022), Kohlhauer (2023)). Allerdings stellen solche Konzepte Stadtwerken wahrscheinlich keine Geschäftsfelder ausreichender Größe zur Verfügung.

Wasserstoff wird eine Rolle im Energiesystem spielen, allerdings nicht in der Wärmeversorgung von Gebäuden oder dem privaten Personenverkehr. Derzeit erscheint eine Wirtschaftlichkeit im Zusammenhang mit der Speicherung überschüssigen Stroms sowie in der Herstellung grünen Stahls perspektivisch möglich. Größere Fragezeichen bestehen im Zusammenhang mit Wasserstoff respektive synthetischen Kraftstoffen im Schwerlast- oder Flugverkehr (vgl. Smolinka et al. (2018), Ouda et al. (2019), Clausen (2022), Detz et al. (2022), Reksten et al. (2022)). Damit erscheinen die Schnittmengen zwischen den

Geschäftsfeldern der Stadtwerke und einer zu etablierenden Wasserstoffwirtschaft gering. Die Auswirkungen dieser Abschätzungen auf die Gasverteilnetzinfrastruktur werden in Abschn. 2.3.2 diskutiert.

2.2.3 Handel

Energieversorgungsunternehmen müssen Energie und Energieträger ein- und verkaufen, d. h. handeln. Dies beinhaltet den Erwerb von Stein- und Braunkohle sowie Gas und die zugehörigen Verschmutzungsrechte in Form von CO_2-Zertifikaten zur Strom- und Wärmeerzeugung. Daneben muss aus konventionellen Anlagen oder erneuerbaren Energien erzeugte elektrische Leistung verkauft werden. Ferner relevant ist der Markt für Grünstromzertifikate, auf welchem handelbare Zertifikate mit den Umwelteigenschaften einer Megawattstunde Strom aus erneuerbaren Energien den Eigentümer wechseln – dies bedeutet, dass eine Einheit Strom an der Strombörse anonym ist und erst durch den zusätzlichen Erwerb eines Grünstromzertifikats zu Grünstrom/Ökostrom wird. Auf der Erzeugerseite kann die Einheit Strom und das dazugehörige Grünstromzertifikat ebenfalls getrennt gehandelt (hier: verkauft) werden.

Besonders im Fokus stehen die Märkte für den Einkauf von Gas sowie dem Kauf und Verkauf von Strom. Beide Güter werden an der Leipziger Energiebörse, der „*European Energy Exchange*“ (EEX) gehandelt. Der Handel kann grob in einen längerfristigen Terminmarkt, einen Spotmarkt (auch Day-Ahead-Handel genannt) für den nächsten Tag und einen außerbörslichen Over-the-counter-Markt (OTC, auch als Freiverkehrs- oder Direkthandel bezeichnet) unterteilt werden (vgl. Nobis (2020), Bonaldo et al. (2022)).

Aufgrund des zunehmenden Anteils erneuerbarer Energien, welche Einspeisevorrang genießen und daher vorrangig einspeisen dürfen (vgl. BWE (2023)), spielt die akkurate Vorhersage energiemeteorologischer Einflussgrößen wie solarer Einstrahlung und Wind eine immer größere Rolle (vgl. Kuhn et al. (2018), Kuhn (2019), Lichter et al. (2020)): An sonnigen und windigen Tagen ist der Strompreis an der EEX ceteris paribus niedriger, da erneuerbare Energien teurere konventionelle Anlagen aus dem Markt drängen – die sogenannte Merit-Order.

Abb. 2.6 veranschaulicht das Handelsvolumen des Spot- und Terminmarkts für Strom an der EEX. Die am Spotmarkt gehandelten Mengen haben sich von 2002 bis 2021 von 31 Terawattstunden (TWh) auf 629 TWh verzwanzigfacht. Im gleichen Zeitraum stieg die gehandelte Strommenge am Terminmarkt von 119 TWh auf 4568 TWh (Faktor 38). Damit wurde 2021 8,2-mal mehr Strom am Terminmarkt gehandelt als die gesamte deutsche Nettostromerzeugung des gleichen Jahres in Höhe von 557 TWh (vgl. Burger (2022)). Diese Entwicklung spiegelt die voranschreitende Liberalisierung des Strommarktes mit einer steigenden Anzahl an Erzeugungsanlagen und Börsenakteuren wider, deutet aber ggf. auch ein spekulatives Element an.

2022 erschienen Schlagzeilen wie „*Energieversorger kündigt Hunderte Verträge von Gewerbekunden*“ (Wenleder (2022)), „*Stadtwerke Castrop-Rauxel kündigen mehreren*

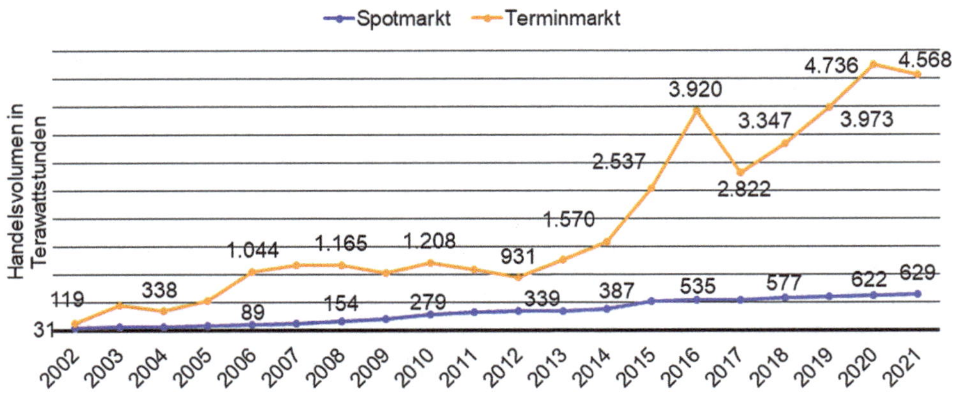

Abb. 2.6 Handelsvolumen am Spot- und Terminmarkt (EPEX SPOT und EEX) für Strom in den Jahren 2002 bis 2021 (in Terawattstunden), vgl. EEX (2022)

tausend Kunden" (WDR (2022)), „*Stadtwerke Bad Säckingen kündigen über 6000 Verträge für Strom und Gas*" (Obermeyer (2022)), „*Herrenberg – Stadtwerke kündigen alle Stromverträge zum Jahresende*" (Schaich (2022)), „*Stadtwerke Düsseldorf stellen überregionalen Handel mit Strom und Gas ein*" (Witsch (2022)), „*Kein Strom mehr von den Laufenburger Stadtwerken*" (Südkurier (2022)), „*Eon schockt Kunden bei Neubrandenburg mit Kündigung*" (Spreemann (2022)) und „*Was Wohnungseigentümer tun können, wenn der Gas- oder Stromanbieter kündigt*" (Fiala and Herz (2022)).

Hintergrund dieser Schlagzeilen sind die Verwerfungen auf dem Gas- und Strommarkt: So stiegt der an der EEX gehandelte Terminkontrakt für Grundlaststrom im Juli 2022 auf 310 € je Megawattstunde, was einer Steigerung von ca. 320 % im Vorjahresvergleich entspricht (vgl. Hecking (2022)).

Ebenso relevant für diese Schlagzeilen sind die Handelsstrategien der Stadtwerke: Ein Stadtwerk kann den an Endverbraucher verkauften Strom (analog: Gas) im Rahmen der Güte von Verbrauchsprognosen bei Vertragsabschluss für die Dauer der vertraglichen Preisbindung einkaufen. Alternativ können mehr oder weniger große Anteile der bereits weiterverkauften Energiemenge zunächst ungedeckt bleiben, um sie in der Hoffnung auf günstigere Preise später zu erwerben (vgl. Stadtwerke Kiel (2023)). Aufgrund der stark gestiegenen Preise sind solche Spekulationen 2022 häufig nicht aufgegangen und könnten die obigen Schlagzeilen mitverursacht haben.

Margin Calls und Liquidität

Auf der Verkaufsseite haben stark steigende Energiepreise negative Auswirkungen auf die Liquidität des Verkäufers – die sogenannten Margin Calls: Verkauft Unternehmen A einem Unternehmen B an der Strombörse eine gewisse Strommenge für einen in der entfernteren Zukunft liegenden Zeitpunkt, so wird ein Terminkontrakt zum vereinbarten Preis geschlossen. Die Börse fungiert hierbei nur als Marktplatz und nimmt selbst keine Risikoposition ein. Steigt nun der aktuelle Strompreis an der Börse an, so wird das verkaufende

Unternehmen A von der Börse aufgefordert, die monetäre Lücke zwischen dem aktuellen Spot-Strompreis und dem vereinbarten Terminpreis als Kaution bei der Strombörse zu hinterlegen. Hierdurch stellt die Strombörse sicher, dass im unwahrscheinlichen Fall eines Ausfalls oder Vertragsbruches die Börse den Käufer ohne eigenes Risiko entschädigen kann (vgl. Wawer (2022)). Dieser Effekt hat in manchen Häusern zu Liquiditätsbedarfen in dreistelliger Millionenhöhe geführt (vgl. z. B. Frankfurter Allgemeine (2022), Güßgen (2022), Manager Magazin (2022)). Aufgrund dieser hier vereinfacht dargestellten Effekte mussten kommunale Eigner 2022 in breiter Front ihren Stadtwerken Kreditlinien erhöhen oder auch Notkredite gewähren (vgl. z. B. Schilling (2022), Schulte (2022), ZfK (2022c)). Zudem gerät die Querfinanzierung innerhalb kommunaler Wirtschaftsstrukturen hierdurch ins Wanken (vgl. Krog (2022) am Beispiel der Stadtwerke Augsburg).

Zwischenfazit

Abschließend bleibt festzuhalten, dass die Komplexität des Energiehandels (z. B. durch die Verschärfung der Finanzmarktregeln für Teilnehmer am Energiegroßhandelsmarkt, vgl. Beier et al. (2020)) und ein für die kaufmännische Vorsicht unerlässliches Risikomanagement kleinere Häuser überfordern kann. Gleichzeitig können Verluste aus Handelsgeschäften existenzbedrohende Größenordnungen annehmen. Vor diesem Hintergrund ist Umfang und Notwendigkeit der Handelsaktivitäten und -risiken kritisch, konstant und detailliert zu prüfen. Konkret könnte beispielsweise über Kooperationen das Handelsvolumen gebündelt werden, um weitergehende Professionalisierung zu ermöglichen.

2.3 2. Säule: Reguliertes Geschäft

2.3.1 Stromnetze

Das Stromnetz ist ein Netzwerk zur Übertragung und Verteilung elektrischer Energie. Neben den eigentlichen Leitungen werden hierzu weitere benötigte Betriebsmittel wie Umspann- oder Schaltstationen gezählt. Das Stromnetz gliedert sich wie in Abb. 2.7 dargestellt in das Übertragungs- sowie das Verteilnetz (vgl. Lehnhoff (2010), Sillaber (2016), Schwab (2017)):

In das **Übertragungsnetz** speisen Großkraftwerke wie Atomkraftwerke, Kohlekraftwerke, aber auch Offshore-Windparks sowie das Verteilnetz ein. Das Höchstspannungsnetz transportiert diese elektrische Energie auf Spannungsebenen von 220 Kilovolt (kV) oder 380 kV anschließend häufig überregional weiter.

Das **Verteilnetz** gliedert sich in die Hochspannungs-, die Mittelspannungs- und die Niederspannungsebene. In die Hochspannungsebene speisen größere Windparks sowie sehr große Fotovoltaik-(PV)-Parks ein. Konventionelle Großkraftwerke können üblicherweise variabel sowohl in die Höchst- wie auch in die Hochspannung einleiten. Am Hochspannungsnetz sind bereits einzelne industrielle Großverbraucher wie beispielsweise Aluminiumhütten angeschlossen.

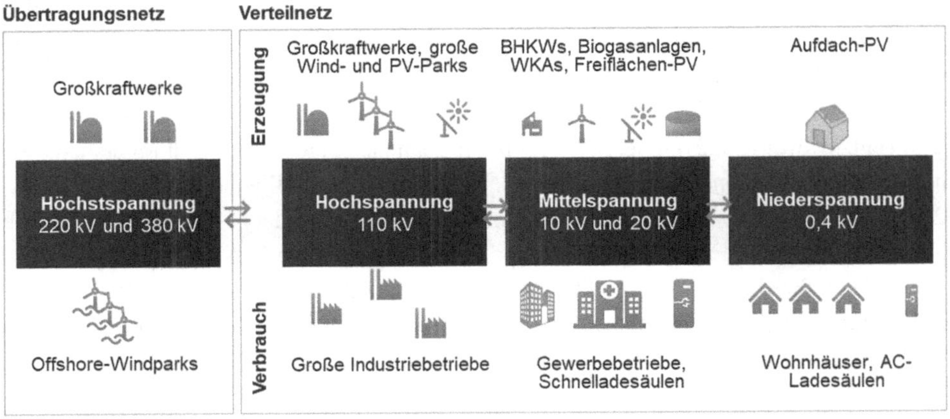

Abb. 2.7 Aufbau des deutschen Stromnetzes in Übertragungs- und Verteilnetz (eigene Darstellung, vgl. Ludwig (2019))

Das **Mittelspannungsnetz** stellt die nächstniedrigere Spannungsebene dar. In die Mittelspannung speisen manche Blockheizkraftwerke, Biogasanlagen, einzelne Windkraftanlagen sowie PV-Parks ein. Verbraucher in der Mittelspannungsebene sind viele Gewerbe- und Firmenkunden sowie beispielsweise Schnellladesäulen.

In die **Niederspannung** speisen kleinere und mittlere Aufdach-PV-Anlagen ein, gleichzeitig wird Haushalten über diese Spannungsebene elektrische Energie zur Verfügung gestellt.

2019 betrugen die Netzlängen der Stromnetzbetreiber 37.050 km in der Höchstspannung (über 125 kV), 85.700 km in der Hochspannung (über 72,5 kV), 525.500 km in der Mittelspannung (über 1 bis einschließlich 72,5 kV) und 1.200.000 km in der Niederspannung bis 1 kV (vgl. BDEW (2020)).

Herausforderungen und steigende Komplexität

Stromverteilnetzbetreiber sehen sich derzeit mit einer größeren Anzahl an Herausforderungen konfrontiert, insbesondere

1. der für Energie- und Verkehrswende sowie weiterer Entwicklungen notwendige, umfangreiche Netzausbau respektive -umbau, welcher auf
2. Kapazitätsengpässe,
3. komplexe Genehmigungsverfahren sowie
4. eine in Teilen als problematisch empfundene Anreizregulierung trifft.

   Weitere Herausforderungen bestehen in
5. steigender Komplexität sowie im Zusammenhang mit
6. Konzessionsvergaben.

Für die Erweiterung und Verstärkung des Stromnetzes sind in aller Regel Tiefbaukapazitäten notwendig, konkret Leitungstiefbau (in Abgrenzung z. B. zu Straßentiefbau). Diese

Leitungstiefbau-Kapazitäten werden nicht nur für Strommaßnahmen benötigt – auch der Glasfaserausbau und, in kleinerem Umfang, der Um- oder Ausbau von Wasser- und Gasnetzen greifen auf diese knappen Ressourcen zurück. Kapazitätsengpässe sind allerdings auch an anderer Stelle im Stromnetzausbau vorhanden: Beispielsweise sind planerische und dokumentierende Fähigkeiten knapp bemessen (vgl. Anger et al. (2022)).

Die bereits thematisierten Defizite bei Genehmigungsverfahren seien an dieser Stelle am Beispiel des Suedlink-Projektes vorgestellt. Suedlink, „*eine Hauptschlagader der Energiewende*“ (Löhr et al. (2022)), ist eine geplante Stromtrasse zwischen dem Großraum Hamburg und Baden-Württemberg/Bayern. Stark vereinfacht ausgedrückt soll über diese Leitungen (offshore) Windstrom aus dem Norden in die industriellen Zentren im Süden transportiert werden. Das Projekt sollte ursprünglich Ende 2022 fertig sein – das offizielle Zieljahr ist nun 2028. Grund der Verzögerungen waren unter anderem umweltschutzrechtliche Bedenken im Zusammenhang mit Feldhamstern (vgl. Steiche et al. (2022)).

Strom- und Gasnetzbetreiber erhalten die Vergütung ihrer Aufwendungen von der Bundesnetzagentur. Eine sehr zentrale Größe, welche die Höhe dieser Vergütung bestimmt, ist der sogenannte Eigenkapitalzinssatz. Diesen Zinssatz erhalten die Strom- und Gasnetzbetreiber für Investitionen in Anlagen. Er beträgt (Stand 2023) für bestehende Anlagen 3,51 % und für Neuanlagen 5,07 % (jeweils vor Körperschaftssteuer, vgl. Bundesnetzagentur (2021)), d. h. deutlich unterhalb des Inflationsniveaus im Jahr 2022. Hierdurch werden kaum Anreize für Investitionen in Strom- und Gasnetze geschaffen. Vor diesem Hintergrund hat die Bundesnetzagentur am 7. Juni 2023 angekündigt, Neuinvestitionen einen um 2 Prozentpunkte höheren Zins zu gewähren (vgl. Bundesnetzagentur (2023b)).

Durch die Energiewende und dem Umbau der leitungsgebundenen Energieversorgung von zentralen Großkraftwerken hin zu dezentralen Erzeuger-Verbraucher-Einheiten steigt die Komplexität im Stromnetz an – als plakatives Beispiel sei ein Wohnviertel skizziert, in welchen Aufdach-PV-Anlagen bei schönem Wetter um die Mittagszeit hohe Überschüsse an Elektrizität generieren, gleichzeitig abends durch Freizeitgestaltung und das Laden von elektrischen Fahrzeugen hohe Verbrauchsspitzen entstehen. Der Stromnetzplaner muss beide Szenarien für die nächsten Jahre abschätzen und rechtzeitig entsprechende Maßnahmen in die Wege leiten.

Als letzte Herausforderung ist der Konzessionswettbewerb aufgeführt: Die Stromnetze der Mittel- und der Niederspannung sind nicht im Eigentum des Stromnetzbetreibers, sondern in aller Regel Eigentum einer Kommune, welche die Bewirtschaftung ihres Stromnetzes im Rahmen von Konzessionsvergaben über viele (z. B. 20) Jahre vergibt. In der Vergangenheit stellten die Einnahmen aus solchen Konzessionsgebieten eine wesentliche Säule vieler Stadtwerke dar (häufig neben dem Strom- und Gasvertrieb, vgl. Abschn. 2.4.1), entsprechend heftig wurde um den Zuschlag gekämpft: Beispielsweise musste die Vergabekammer des Landes Baden-Württemberg die Vergabe der Stromnetz-Konzessionen in den Städten Lörrach und Weil am Rhein bestätigen, nachdem Beschuldigungen einer unlauteren Vergabe geäußert wurden (vgl. Neidinger (2019)). Neben der wirtschaftlich-kommerziellen Sicht der Stadtwerke auf Konzessionsverfahren ist aus Sicht der Kommunen eine Differenzierung bezüglich der Bewirtschaftungsqualität verschiedener etablierter

Netzgesellschaften schwierig bis unmöglich, zudem vergaberechtlich heikel: So wollte die Stadt Nagold mit anwaltlicher Beratung und Kosten von ca. 500.000 € die Strom- und Gaskonzession an ein Konsortium bestehend aus ihrem eigenen Stadtwerk und den Stadtwerken Tübingen vergeben – der Geschäftsführer der Stadtwerke Nagold saß hierbei im Vergabeausschuss. Das Landgericht Stuttgart hat diese Vergabe wegen Formfehler bemängelt, die Verantwortung für das Stromnetz verbleibt bis auf weiteres beim bisherigen Konzessionshalter (vgl. Mix (2022)).

2.3.2 Gasnetze

Die Bundesnetzagentur (vgl. Bundesnetzagentur (2023a)) unterscheidet im Gasnetz die Druckstufen *Niederdruck* (≤ 100 mbar), *Mitteldruck* (> 100 mbar bis ≤ 1 bar) und *Hochdruck* (> 1 bis 100 bar) sowie die Gasqualitäten *L*- oder *H*-Gas sowie Biomethan. Hierbei steht L-gas für *Low calorific gas*, welches im Vergleich zum H-Gas (*High calorific gas*) über einen geringeren Methangehalt und damit einen geringeren Brennwert besitzt.

Im Gasnetz wird zwischen Fernleitungen (Ferngasnetz) und dem Gasversorgungsnetz (Verteilernetz) differenziert. Abb. 2.8 stellt auf der linken Seite das deutsche Gasnetz dar, auf der rechten Seite sind die Versorgungsgebiete der einzelnen Gasnetzbetreiber in der Unterscheidung L- und H-Gas dargestellt.

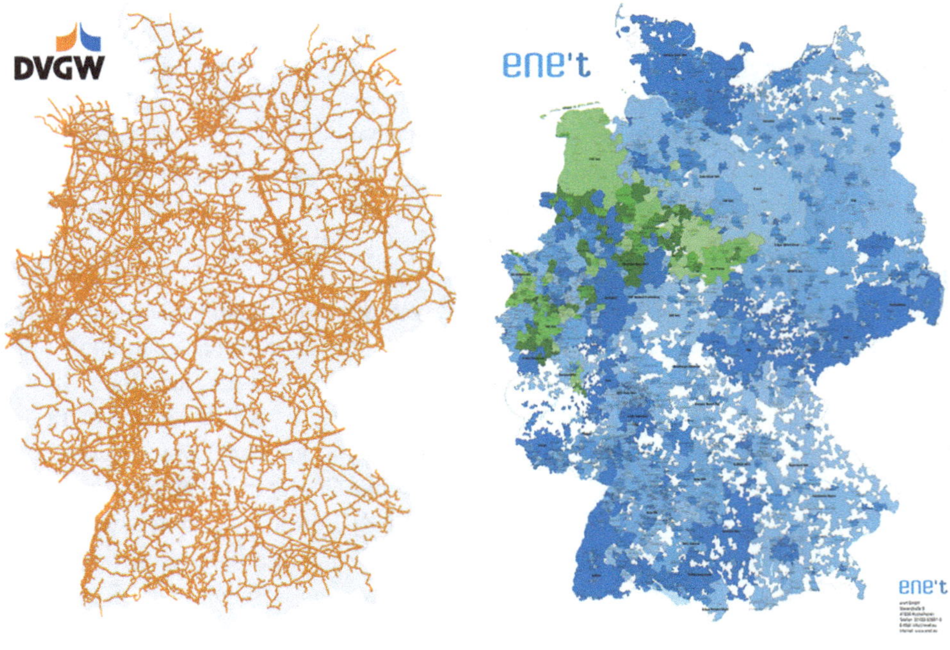

Abb. 2.8 Links: Das deutsche Gasnetz, dargestellt in der Druckstufe > 4 bar (vgl. DVGW (2023)). Rechts: Karte der Gasnetzbetreiber (Januar 2022), L-Gas (grün) und H-Gas (blau; vgl. ene't (2023))

Gasnetze sehen sich vielfältigen Herausforderungen gegenüber
Der CO_2-Emissionsfaktor, das Verhältnis von Kohlenstoffdioxid-Emissionen und zur Verfügung gestellter Primärenergie, von Erdgas beträgt ca. 55 t CO_2 pro Terajoule, was knapp der Hälfte des CO_2-Emissionsfaktors von Steinkohle entspricht (ca. 93 t CO_2/Terajoule – vgl. Umweltbundesamt (2022)). Dies resultiert in einer Klimabelastung von ca. 200 g CO_2 für jede aus Gas hergestellte, Kilowattstunde elektrische Energie. Der analoge Wert für Steinkohle liegt bei 338 g CO_2/kWH_{el} (vgl. Quaschning (2022)) – d. h. der Strom aus einem Gaskraftwerk ist nur etwa 40 % weniger klimaschädlich als der Strom aus Steinkohlekraftwerken. Diese Relation verdeutlicht, dass Gas keine Brückentechnologie zur Bewältigung der Klimakrise darstellen kann.

Durch russisches Pipelinegas war dieser Energieträger in Deutschland über lange Jahrzehnte vergleichsweise günstig. Die politischen Ereignisse 2022 haben diesen Sachverhalt geändert, möglicherweise dauerhaft: Auch wenn Flüssiggas über zu realisierende Infrastrukturen in ausreichender Menge angeschifft werden kann, deutet vieles auf einen hierdurch strukturell höheren Gaspreis hin (vgl. Endt et al. (2022), Stehle (2022)).

Eine Hoffnung der Gasnetzbetreiber sind grüne Gase, d. h. aus Elektrizität hergestellte chemische Energieträger – insbesondere grüner Wasserstoff. In Abschn. 2.2.2 wurden Kostenstrukturen und Anwendungsmöglichkeiten von grünem Wasserstoff skizziert. Durch die hohen Kosten scheidet dessen Verwendung zum Heizen von an Gasverteilnetzen angeschlossenen Gebäuden wohl dauerhaft aus. Industrieanlagen mit entsprechenden Anwendungsbedarfen stellen den benötigten Wasserstoff zurzeit an Ort und Stelle her – auch hier drängt sich die Notwendigkeit eines großflächigen Gasverteilnetzes nicht auf (vgl. Smolinka et al. (2018)).

Vor diesem Hintergrund erscheinen für Stadtwerke weitere Investitionen in Gasnetze als wenig sinnhaft. Für den möglichen Rückbau vorhandener Gasnetze sind Rückstellungen zu bilden. Die Gestaltung des Gasausstiegs in der Fläche ist mit sehr hohen Koordinationsaufwänden, beispielsweise hinsichtlich der Transition der Wärmeversorgung aller bisherigen Gas-Haushaltskunden auf alternative Konzepte wie Wärmepumpen oder Fernwärmenetze, verbunden. Dies muss mit ausreichendem zeitlichem Vorlauf geplant werden.

2.3.3 Wassernetze

2.3.3.1 Trinkwassernetze
In Deutschland waren 2016 5845 Wasserversorgungsunternehmen aktiv (Statistisches Bundesamt (2016)), welche in drei Kategorien eingeteilt werden können:

1. Wasserversorgungsunternehmen mit ausschließlicher Abgabe zum Letztgebrauch,
2. Wasserversorgungsunternehmen mit ausschließlich Weiterleitung und
3. Wasserversorgungsunternehmen mit beiden dieser Tätigkeiten.

Beispiel Fernwasserversorgung Franken
Abb. 2.9 verdeutlicht diese Struktur anhand eines Ausschnittes der im nordwestlichen Bayern beheimateten Fernwasserversorgung Franken (FWF): Die FWF ist ein rein kommunaler Zweckverband mit den Aufgaben

a. Grundwasser zu erschließen und aufzubereiten,
b. Trinkwasser bereitzuhalten,
c. nachgelagerte Träger der örtlichen Wasserversorgung mit Trinkwasser zu versorgen und
d. hierfür regionale Wasserversorgungsanlagen zu errichten, zu erweitern, zu betreiben und zu unterhalten (Fernwasserversorgung Franken (2023)).

Die grün und rötlich hinterlegten Flächen in Abb. 2.9 markieren zwei unterschiedliche, nachgelagerte Versorgungsgebiete, innerhalb derer mit blauen Kreisen gekennzeichnete Orte mit Anschluss ans FWF-Netz liegen. Das Trinkwasser wird dort von lokalen Verteilnetzen zu den Endverbrauchern transportiert, beispielsweise von Wassernetzen der Stadtwerke Rothenburg ob der Tauber. Einzelne, mit grauen Kreisen markierte Orte sind nicht angeschlossen – diese, tendenziell kleineren Siedlungen, verfügen über eigene Brunnen oder Quellen. In der Bildmitte ist der 5000 m³ fassende Trinkwasserspeicher Endsee zu erkennen, der als regionaler Trinkwasserspeicher dient.

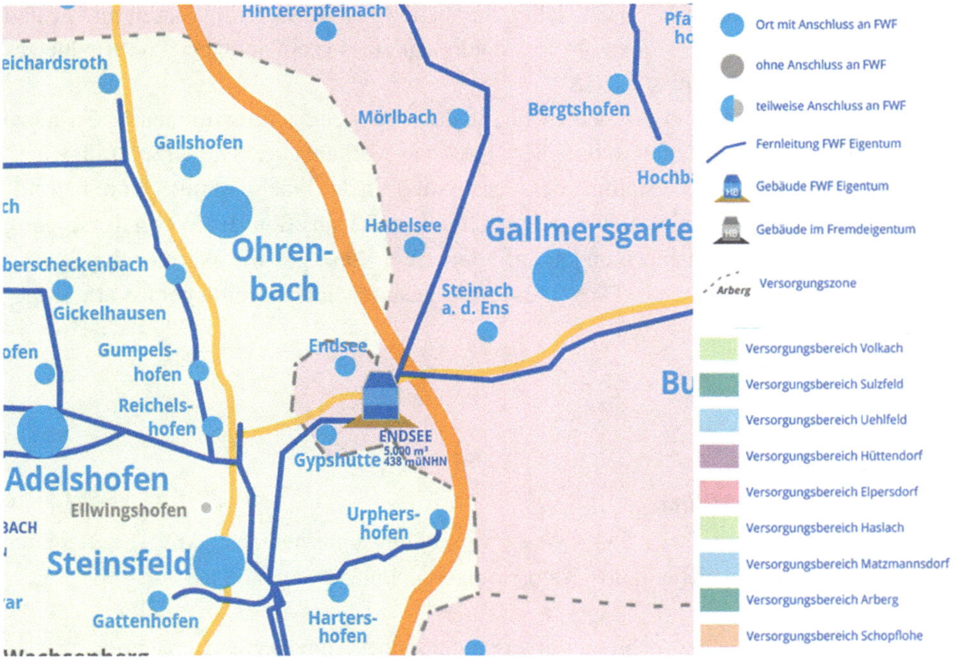

Abb. 2.9 Auszug aus der Verbandsgebietskarte der Fernwasserversorgung Franken (vgl. Fernwasserversorgung Franken (2023))

Trinkwassergewinnung und Trinkwasserverbrauch
Die Herkunft des deutschen Trinkwassers ist in Abb. 2.10 visualisiert: Über 62 % des deutschen Trinkwassers kommen aus dem Grundwasser. Alternative Gewinnungsmöglichkeiten wie Talsperren, Uferfiltrate oder Quellen spielen eine untergeordnete Rolle.

Der Trinkwasserbrauch in Deutschland pro Einwohner und Tag von 1990 bis 2021 ist in Abb. 2.11 dargestellt: Zwischen 1990 (147 L) und 2020 (129 L) ging der Verbrauch um 12 % zurück, ist aber seit der Jahrtausendwende mehr oder weniger konstant.

Zentrale Herausforderungen für die Betreiber der Trinkwasserversorgung sind

1. Belastungen des Rohwassers,
2. regionale Trinkwasserengpässe,
3. Auswirkungen des Klimawandels und
4. der Fachkräftemangel.

Rohwasser kann durch vielfältige Schadstoffe wie Schwermetallen wie Blei oder Cadmium, Stickstoffverbindungen wie Nitrit und Nitrat, Pestizide, polycyclische aromatische Kohlenwasserstoffe, organische Chlorverbindungen, hormonell aktive Substanzen wie Tributylzinn, Radioaktivität, krankheitserregende Mikroorganismen bis hin zu Mikroplastik und Nanomaterialen verunreinigt werden. Für die Reinigung des Rohwassers stehen je nach vorhandenen Schadstoffen verschiedene technische Verfahren zur Verfügung (Beispiel: Anregung durch UV-Strahlung, hierdurch Zerfall der Schadstoffe), welche jedoch mit Kosten und technologischen Grenzen einhergehen (vgl. Auckenthaler et al. (2003), Lambert et al. (2010), Hoffmann et al. (2022), Rabe et al. (2022)).

Schlagzeilen wie „*Tauziehen ums Wasser – warum Biesenthal den Durst von Bernau fürchtet*“ (Leichsenring (2023)) oder „*Trinkwasser im Harz wird knapp: Okertalsperre nur*

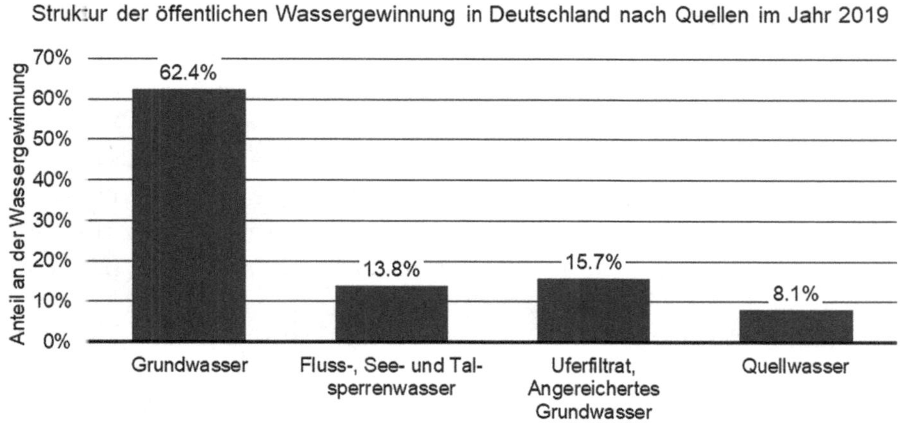

Abb. 2.10 Ursprung der Trinkwassergewinnung in Deutschland. (Vgl. Statistisches Bundesamt (2022))

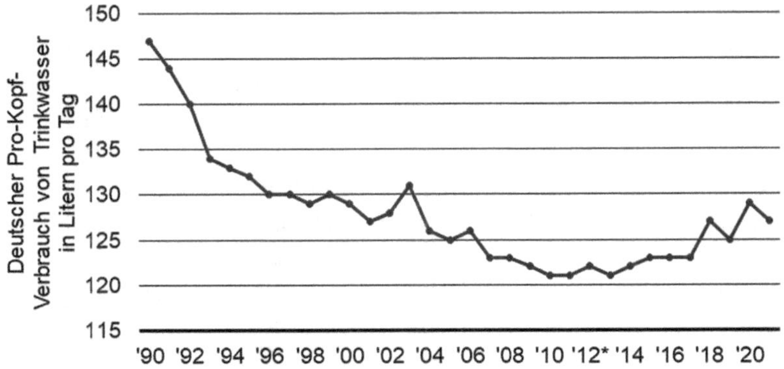

Abb. 2.11 Entwicklung des Wasserverbrauchs pro Einwohner und Tag in Deutschland, ab 2012 Einwohnerdaten auf Basis des Zensus 2011. (Vgl. BDEW (2021))

zu 19 % gefüllt" (Hannoversche Allgemeine (2022)) veranschaulichen, dass – obwohl Deutschland ein wasserreiches Land ist – räumlich und zeitlich beschränkt auch bereits heute Engpässe auftreten können. Man muss davon ausgehen, dass im Zuge des Klimawandels die Häufigkeit und Heftigkeit von Dürreperioden und die damit verbundenen negativen Auswirkungen auf die Trinkwasserversorgung zunehmen werden (vgl. z. B. Wulfhorst (2012), Langner et al. (2020), Dörner et al. (2022), Jeschke (2022)).

Die Wasserwirtschaft ist mit ihren knapp 6000 Versorgungsunternehmen noch kleinteiliger organisiert als die Stromverteilnetzgesellschaften (vgl. Abb. 1). Hieraus resultieren kleine Betriebsgrößen, die besondere Herausforderungen bei der Gewinnung des speziell qualifizierten Personals mit sich bringen. Die Branche begegnet dieser Herausforderung mit der Konsolidierung von Zweckverbänden und der Abgabe der Wasserbetriebsführungen an größere Akteure (Beispiel: Netze BW Wasser GmbH, vgl. Netze BW (2023b)) – dieser Prozess scheint noch nicht abgeschlossen zu sein.

2.3.3.2 Abwassernetze

In Deutschland fallen jährlich 9 Mrd. Kubikmeter Abwasser an. Diese Menge kann in häusliches und betriebliches Schmutzwasser, Fremdwasser und Niederschlagswasser unterteilt werden und wurde im Jahr 2019 über 608.052 km Kanallänge 8891 Abwasserbehandlungsanlagen zugeführt (vgl. destatis (2023)). Für die Abwasseraufbereitung stehen vielfältige technologische Möglichkeiten zur Verfügung, beispielsweise die mechanische Vorbehaltung zum Entfernen größerer und fester Bestandteile oder spezialisierte Verfahren zur Phosphorrückgewinnung (vgl. Montag (2008), Triebskorn et al. (2017), Bach (2019)).

Die Herausforderungen für die Abwassernetz-Betreiber sind ähnlich wie jene der Trinkwassernetzbetreiber: Durch Klimawandel und die mögliche Zunahme von Starkregenereignissen können sich kurzfristige Abwassermengen ausbilden, welche die vorhandenen Abführungskapazitäten übersteigen und folglich mittelbar Umbaumaßnahmen erzwingen. Der Schadstoffeintrag in das Abwasser ist regional zum Teil herausfordernd

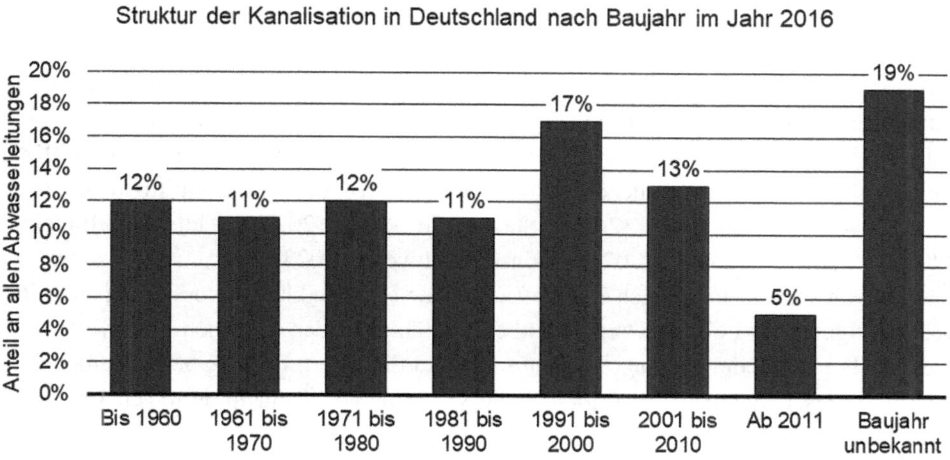

Abb. 2.12 Die Altersstruktur deutscher Abwasserleitungen. (Statistisches Bundesamt (2016))

(vgl. Hillenbrand et al. (2019), Cullmann et al. (2022)). Der Fachkräftemangel und die Kleinteiligkeit der Strukturen machen sich bemerkt (vgl. Wingen et al. (2020), Zeilfelder et al. (2020)).

Daneben sind Betriebsmittel teilweise in die Jahre gekommen: Abb. 2.12 zeigt die Altersstruktur deutscher Abwasserleitungen, welche zu mehr als 23 % über ein halbes Jahrhundert alt sind und deren Alter für 19 % der Leitungen schlichtweg nicht (mehr) bekannt ist.

Zwischenfazit

Zusammenfassend kann konstatiert werden, dass Wassernetze, sowohl Trink- als auch Abwasser, sinnvollerweise zu größeren Betriebseinheiten zusammengeführt werden sollten und zur Abmilderung der Klimafolgen mit signifikanten Investitionsbedarfen gerechnet werden muss.

2.4 3. Säule: Kundennahe Lösungen

Die dritte Säule umfasst Geschäftsaktivitäten der Stadtwerke, welche in einem unregulierten Markt direkt für den Endkunden erbracht werden und von diesem bezahlt werden. Diese Aktivitäten können vielfältige Ausprägungen annehmen:

Klassisches kundennahes Geschäft der Stadtwerke ist der Stromvertrieb an Haushalte, Gewerbe, Industrie oder staatliche Kunden. Weitere kundennahe Geschäftsfelder stellen netznahe Dienstleistungen für andere Energieversorgungsunternehmen, Contracting- respektive Wärme- und Energielösungen, Engagements im Zusammenhang mit Ladeinfrastruktur oder im Telekommunikationsgeschäft dar.

Dieses Geschäftsfeld treibt zum Teil auch exotische Blüten: So erschlossen die Stadtwerke Völklingen das Geschäftsfeld der Zucht von Meeresfischen im Saarland (vgl. Grossarth (2010), Bartsch (2014)), die Mannheimer MVV Energie AG stellt eine deutschlandweite Buchungsplattform für Freizeit-/Kursangebote zur Verfügung (vgl. MVV (2019)), E.ON engagiert sich in der Digitalisierung des Handwerks (vgl. E.ON (2018)) und verschiedene Häuser suchen den Markteintritt in der Wasserstoffindustrie (vgl. z. B. Stadtwerke Karlsruhe (2022), Stadtwerke Ahaus (2023), Stadtwerke Bielefeld (2023)), Stadtwerke Lingen (2023), Mainzer Stadtwerke (2023)).

Bei der Menge an möglichen Geschäftsaktivitäten ist eine klare Fokussierung unter Berücksichtigung der Leistungs- und Wettbewerbsfähigkeit der einzelnen Stadtwerke notwendig. Diese Zusammenhänge werden in Kap. 3 diskutiert. Im Folgenden werden ausgewählte Geschäftsfelder der dritten Säule sowie deren Herausforderungen im Detail behandelt.

2.4.1 B2C- und B2B-Commodity-Vertrieb

Der Business-to-Consumer- (B2C) und Business-to-Business-Vertrieb (B2B-Vertrieb) von homogenen Handelswaren (*commodity*, aus dem Englischen: Gebrauchsgegenstand, Rohstoff, Massenware) wie Strom und Gas war für viele Stadtwerke eine wichtige Stütze ihres Unternehmenserfolges: So erlösten die Stadtwerke Aschaffenburg 2020 ca. 118 Mio. €, hiervon ca. 50 Mio. € über den Verkauf von Strom (vgl. Stadt Aschaffenburg (2021)). Bei den Stadtwerken Balingen konnten die Gewinne aus dem Strom- und Gasverkauf defizitäre Geschäftsfelder wie den Betrieb von Schwimmbädern viele Jahre kompensieren (vgl. Stadt Balingen (2022)).

Dies war insbesondere deshalb möglich, da viele deutsche Verbraucher trotz einer mehrerer Jahrzehnte zurückliegenden Liberalisierung des Strom- und Gasmarktes ihren angestammten Versorger nicht wechseln oder bei ihrem Strom- und Gasversorger stark auf Regionalität achten. Abb. 2.13 veranschaulicht diese (fehlende) Wechselbereitschaft: Über die Hälfte der Bevölkerung möchte den Stromanbieter nicht wechseln, der Anteil der zum Wechsel fest entschlossenen ist mit konstant unter 3 Mio. Kunden im Vergleich zur Gesamtbevölkerung gering.

Die klassische Strategie im Commodity-Vertrieb waren sogenannte Bündelprodukte, in denen die Austauschbarkeit der Commodity-Waren Strom respektive Gas über flankierende Angebote von Mobiltelefonen und Waschmaschinen (vgl. Yello (2023)) bis hin zu Elektroautos (vgl. Yello (2018)) okkludiert wurde. Dies bedeutet, dass obwohl die Stromversorgung aus Endkundensicht ein qualitativ völlig gleichwertiges Gut ist und einzelne Stromtarife sich folglich nur über den Preis differenzieren können, durch Marketing und Vertragsnebenbestandteile der Eindruck der Austauschbarkeit zu vermeiden gesucht wird.

Ziel dieser Mühen war insbesondere die sogenannte *Churn-Rate*, d. h. die Kundenabwanderungsquote, zu senken. Da überhaupt nur ein kleiner Teil der deutschen Bevölkerung Stromverträge aktiv wechselt, und dieser Teil ggf. nach einem Wechsel weiter-

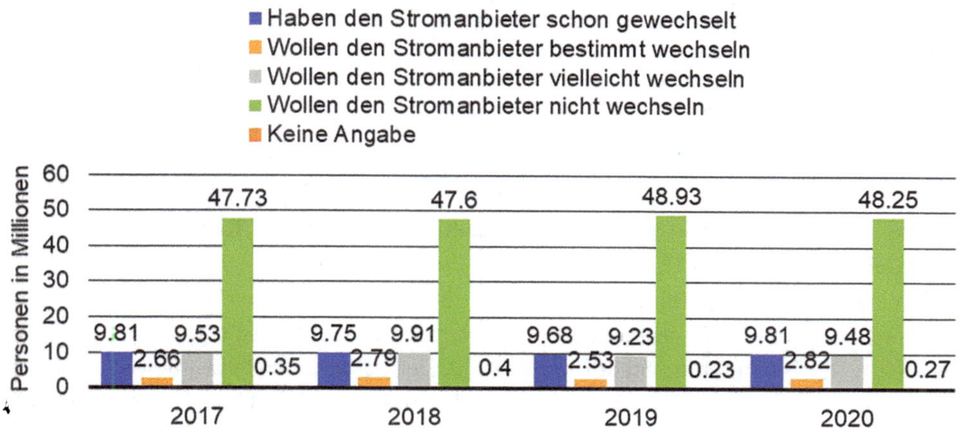

Abb. 2.13 Bevölkerung in Deutschland nach Bereitschaft, den Stromanbieter zu wechseln, von 2017 bis 2020. (in Millionen; vgl. VuMA & IFAK (2020))

hin wechselbereit bleibt, bedurfte auch vor 2022 eine solche vertriebliche Positionierung ausreichend großer Skaleneffekte und durchdachter Strategien.

Die geringe Wechselbereitschaft drückt sich eindrücklich in folgenden Zahlen aus: Bis April 2020 hatten 53 % aller Haushaltskunden ihren Stromversorger und 63 % ihren Gasversorger seit der Liberalisierung kein einziges Mal gewechselt (vgl. BDEW (2020)).

Strategische Schwerpunkte im Stromvertrieb bildeten 2015 Kundenbindung und der Zugewinn respektive die Rückgewinnung von Kunden im Grundversorgungsgebiet (vgl. Deloitte (2015)). Grundversorger, d. h. der Stromlieferant für Endkunden, welche keinen Stromvertrag abgeschlossen haben, ist zu üblicherweise höheren Preisen jener Stromanbieter, welcher lokal die meisten Kunden besitzt – dies muss folglich nicht zwangsläufig eine Schwesterfirma des lokalen Netzbetreiber sein. Aufgrund der historisch höheren Grundversorgertarife strebten manche Häuser in der Vergangenheit den Grundversorgerstatus aktiv, z. B. über regional fokussierte Marketingaufwendungen, an (vgl. Warg (2019)).

Der Umsatz aus dem Verkauf von Gas an Letztverbraucher betrug 2019 33,9 Mrd. €. Mit dem Stromverkauf an Letztverbraucher wurde 2019 in Deutschland 84,5 Mrd. € umgesetzt (vgl. BDEW (2020)). Wie in Abschn. 2.2.3 (Handel) dargelegt, haben die handelsseitigen Verwerfungen des Jahres 2022 zu einer Eintrübung dieser Geschäfte geführt, was mehrere Häuser zur Aufgabe des B2C- und B2B-Commodity-Vertriebs bewogen hat. Ob dieser Schritt nach einer möglichen Beruhigung der Energiemärkte umkehrbar ist, kann aufgrund der geringen Wechselbereitschaft angezweifelt werden.

Hinzu kommt eine zunehmende Digitalisierung und Automatisierung der Massenprozesse im Commodity-Vertrieb, welche nur über ausreichend große Skaleneffekte wettbewerbsfähige Kostenstrukturen ermöglicht. Nur eine konsequente Standardisierung nicht geschäftsdifferenzierender Prozesse, welche bei kleineren und mittelgroßen Stadtwerken in der Regel auf externe, vom Markt einzukaufende Lösungen, hinauslaufen muss, kann Margen im Commodity-Vertrieb stabilisieren (vgl. Doleski (2020), Meyer-Delpho (2020), Wirries (2020)).

Daneben sind Entwicklungen am Markt aufmerksam zu verfolgen: Durch die Zunahme von PV-Aufdachanlagen, Wärmepumpen, Batteriespeicher sowie privater Ladeinfrastruktur steigt die Komplexität von Stromverträgen, was spezialisierten Akteuren langfristige Kundenbeziehungen ermöglicht und damit ein strategisches Risiko für Stadtwerke darstellen kann (vgl. Alte-Teigeler (2020), Rohbogner (2020)).

In einer 2017 durchgeführten Befragung von Entscheidungsträgern aus der Energiebranche (vgl. pwc (2017)) nannten 60 % den Vertrieb als Geschäftsbereich mit den größten künftigen Risiken für das Stadtwerk bis 2030. Der Bereich Handel wurde von 12 % der Befragten als der risikoreichste bezeichnet, der Bereich Netze von 12 %. Die Abschätzung der aus dem Vertrieb stammenden Geschäftsrisiken könnte sich in den nächsten Jahren bewahrheiten: Zahlungsausfälle in Folge von Firmen- oder Verbraucherinsolvenzen können Stadtwerke finanziell in Bedrängnis bringen und bedürfen einem detaillierten Monitoring (vgl. Klasen et al. (2020)).

2.4.2 Contracting/Wärme- & Energielösungen

Viele Energieversorger verfügen über Dienstleistungsaktivitäten, welche unter den Begriffen Contracting (vgl. z. B. EnBW (2023), E.ON edis (2023), Stadtwerke Esslingen (2023), Stadtwerke Villingen-Schwenningen (2023)) oder Wärme- & Energielösungen (vgl. z. B. NaturEnergie (2023), Stadtwerke am See (2023), Stadtwerke Stuttgart (2023)) firmieren. Die grundlegende Überlegung hierbei ist, gesammeltes Wissen rund um energietechnische Anlagen einem Kundenkreis bestehend aus Immobilienwirtschaft, staatlichen Einrichtungen (z. B. Heizungsanlagen für Wohnviertel oder Schwimmbäder) und Industriekunden (z. B. Wärme-/Kälte-/Dampferzeugung) anzubieten.

Aktivitäten in diesem Geschäftsfeld können folgende Schritte umfassen:

1. Bedarfsanalyse der benötigten Energien/Energieträger,
2. Planung der Anlagen,
3. Finanzierung der Anlagen,
4. Bau und Realisierung der Anlagen,
5. Betriebsführung sowie
6. weitere Serviceleistungen wie z. B. Versicherungen oder die Beschaffung der benötigten (Rest-)Energiemengen.

Illustrierende Beispiele von Contracting-Projekten sind das Nahwärmenetz in Rheinfelden, welches durch industrieller Abwärme zwei Wohngebiete mit Wärme versorgt (vgl. Energiedienst (2023)), das Nahwärmeversorgungsnetz Dickenreishausen, welches aus einer Biogasanlage mit Blockheizkraftwerk (BHKW) gespeist wird (vgl. e-con (2023)) oder das Projekt ‚Laubenhof', in welchem die Wärmeversorgung von 126 Wohnungen und vier Gewerbeeinheiten durch Wärmepumpen mit ergänzenden PV-Anlagen sichergestellt wird (vgl. Stadtwerke Konstanz (2023)).

Im industriellen Umfeld spielen Contracting-Lösungen für ganze Industrieparks eine Rolle, beispielsweise am Industriepark Ludwigshafen mit einer jährlichen, lokalen Stromerzeugung von 65 Gigawattstunden (GWh) und einer jährlichen, lokalen Dampferzeugung von 64 GWh (vgl. MVV (2023)) oder am Industriepark Walsrode, für welchen die EnBW Contracting GmbH Strom, Dampf, Druckluft und vollentsalztes Wasser zur Verfügung stellt (vgl. Industriepark Walsrode (2023)).

Das Mehrwertversprechen ist folglich, den Kunden sowohl von technischen Details als auch von der finanziellen/bilanziellen Investitionsbelastung zu befreien – in der Vollausprägung haftet das Contracting z. B. für Produktionsausfälle in Industriebetrieben, welche auf den Ausfall der Energieanlagen zurückzuführen sind. Studien schätzen den deutschen Contracting-Markt auf ein wachsendes, jährliches Marktvolumen im niedrigen zweistelligen Mrd.-EUR-Bereich (vgl. Bundesamt für Wirtschaft und Ausfuhrkontrolle (2023)).

Abb. 2.14 fasst eine 2017 erhobene Umfrage unter ostdeutschen Energieversorgern, Verkehrs- und Wohngesellschaften bzgl. der Frage *„Stellen nachfolgende Optionen einer dezentralen Stromversorgung im Quartier für Sie ein interessantes Geschäftsmodell dar?"*, d. h. bzgl. eines Endkunden-nahen Contracting-Teilmarktes, zusammen (vgl. VNG

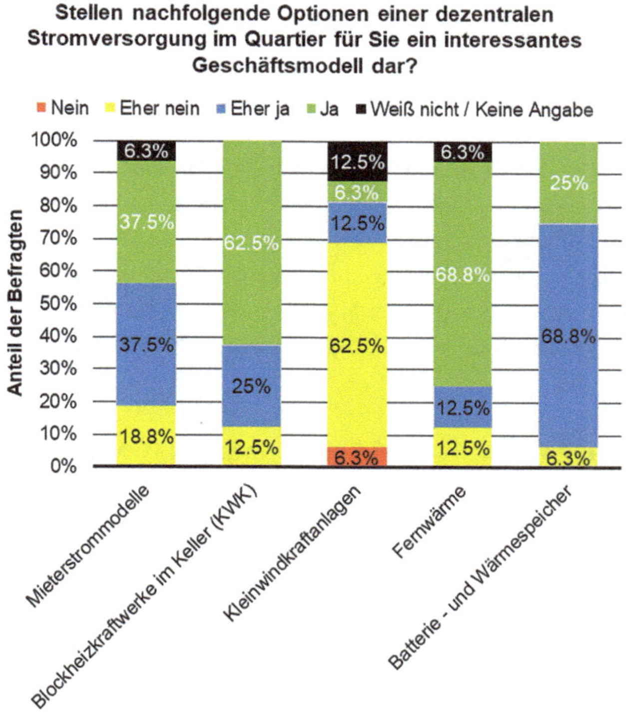

Abb. 2.14 Umfrage unter Energieversorgern, Verkehrs- und Wohngesellschaften in Ostdeutschland bzgl. der Frage: *„Stellen nachfolgende Optionen einer dezentralen Stromversorgung im Quartier für Sie ein interessantes Geschäftsmodell dar?"*, Erhebungszeitraum Ende Juni bis Ende Juli 2017, schriftliche Befragung mit 83 Teilnehmern, Mehrfachnennungen waren möglich. (Vgl. VNG (2018))

(2018)). Im Geschäftsfeld Mieterstrommodelle sehen 75 % der Befragten ein interessantes oder eher interessantes Geschäftsfeld, bei dezentralen Blockheizkraftwerken sind sogar 87,5 % dieser Meinung. Kleinwindkraftanlagen werden deutlich kritischer gesehen: 68,8 % der Befragten sehen sie nicht oder eher nicht als Geschäftsfeld. Fernwärmelösungen sehen 68,8 % als interessantes Geschäftsfeld; Batterie- und Wärmespeicher werden kritischer, aber immer noch positiv beurteilt. Die Studie verdeutlicht, dass eine breite Palette an Wärme- und Energielösungen aus Sicht der Marktakteure attraktiv erscheint, was mit dem Umfang des Engagements verschiedener Stadtwerke (s. oben) korreliert.

Zentrale Herausforderung für Energieversorger im Contracting-Markt sind somit

1. die Kleinteiligkeit und der Projektcharakter der einzelnen Aufträge, welcher Standardisierungen erschwert,
2. Bonitätsrisiken der Kunden, in deren Einrichtungen größere Investitionen sich über viele Jahre refinanzieren müssen sowie
3. der Fachkräftemangel sowohl für eigenes Personal als auch mit Blick auf die Handlungsfähigkeit von Lieferanten.
4. Falls eine operative Betriebsführung angeboten wird, sind zudem Skaleneffekte zu beachten, da ein zumindest regionaler Bereitschaftsdienst vorgehalten werden muss.

Eine **buchhalterische Herausforderung** stellt für EBIDTA-geführte Häuser (EBITDA – *earnings before interest, taxes, depreciation and amortization*, d. h. Gewinn vor Zinsen, Steuern, Abschreibungen auf Sachanlagen und Abschreibungen auf immaterielle Vermögensgegenstände) die Einordnung der Contracting-Aktivitäten unter der für Teile der Energiewirtschaft verbindlichen Bilanzierungsvorschrift IFRS 16 dar:

Konkret könnten Gewinne aus Contracting-Geschäften als sogenanntes *finance lease* klassifiziert werden, welche nicht auf das EBITDA einzahlen. Dies bedeutet, dass Gewinne aus dem Geschäftsbereich nicht in das als EBITA ausgewiesene Unternehmensergebnis einzahlen. Die buchhalterische Betrachtung ändert nichts an der Wirtschaftlichkeit der Aktivitäten – die Gewinne werden allerdings auf in der EBITDA-Sicht unsichtbar. Durch eine geschickte Wahl der Vertragsstrukturen von Contracting-Anlagen, welche beispielsweise die Belieferung von mehreren Kunden berücksichtigen, kann dieser Effekt verhindert werden (vgl. Rödl & Partner (2018)).

2.4.3 Breitband- & Telekommunikationsgeschäft

Das Telekommunikationsgeschäft wird unterteilt in die Bereiche

1. passive Infrastrukturen,
2. aktive Infrastrukturen, d. h. Netzbetrieb sowie
3. Services.

Das Geschäftsfeld der passiven Telekommunikationsinfrastruktur setzt sich aus den Aktivitäten Planung, Finanzierung, Realisierung und ggf. Wartung passiver Infrastrukturen wie unbeleuchtete Glasfasern, Leerrohre oder (veraltet) Kupferleitungen sowie passiver Richtfunkinfrastrukturen zusammen. Das Geschäftsfeld ist durch Tiefbaumaßnahmen und durch die Langfristigkeit getroffener Investitionsentscheidungen geprägt.

Kupfer vs. Glasfasernetz und Datenübertragung

Besonders relevant ist hierbei der Glasfaserausbau: Glasfasernetze haben vielfältige Vorteile gegenüber Kupfer-basierten Nachrichtenwegen – u. a. sind Glasfaserverbindungen weniger störungsanfällig (beispielsweise gegenüber Blitzschlägen) und ermöglichen eine signifikant klimafreundlichere Datenübertragung (17-mal weniger Energiebedarf als im Kupfernetz, vgl. Stadtwerke München (2023b)).

Aus diesem Grund wird der Glasfaserausbau – wenn ein Marktversagen und eine Unterversorgung festgestellt werden konnte – in verschiedenen Modellen und Konstellationen subventioniert. Im Wirtschaftlichkeitslückenmodell (vgl. NetCom BW (2023)) verbleibt das Eigentum hierbei beim Generalunternehmer, während im Betreibermodell (vgl. NetCom BW (2023b)) die Errichtung aus Sicht des Generalunternehmers eine Dienstleistung ist und das Eigentum beim Auftraggeber, z. B. ein kommunaler Zweckverband, liegt. Neben diesem geförderten Ausbau gewinnen eigenwirtschaftliche, d. h. ohne staatliche Zuschüsse auskommende, Maßnahmen an Bedeutung.

Trotz umfangreicher Förderungen hinkt der Glasfaserausbau in Deutschland im internationalen Vergleich hinterher: Abb. 2.15 veranschaulicht den Anstieg der Breitbandanschlüsse im deutschen Festnetz bis 2021 – ein Großteil der 40,7 Mio. Haushalte in Deutschland (vgl. destatis (2023b)) verfügt zwar über einen Breitbandanschluss, diese sind in vielen Fällen aber nicht als Glasfaseranschluss realisiert, sondern basieren auf Kupfertechnologien.

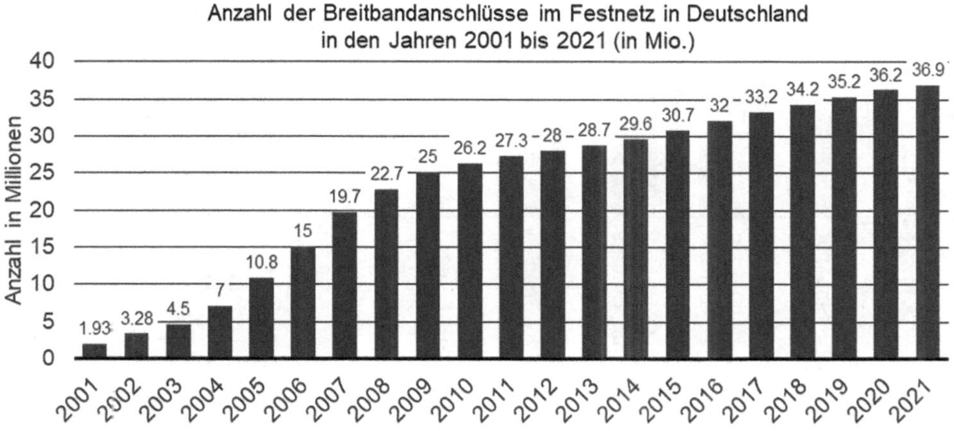

Abb. 2.15 Anzahl der Breitbandanschlüsse im Festnetz in Deutschland in den Jahren 2001 bis 2021 (in Millionen, vgl. Bundesnetzagentur (2022c))

Der Einsatz von Kupfer-basierten Technologien in Nachrichtenwegen führt zu einer in Deutschland im internationalen Vergleich niedrigen durchschnittlichen Verbindungsgeschwindigkeit, welche in Abb. 2.16 zusammengefasst wird:

Im Oktober 2022 war die durchschnittliche Downstream-Geschwindigkeit in Deutschland 77 Mbit pro Sekunde, was in etwa einem Drittel des Durchschnittswertes von Singapur entspricht (220 Mbit/s). Dies stellt einen Standortnachteil mit negativen Folgen für Deutschland dar (vgl. Abb. 2.16).

Viele Stadtwerke und Energieversorger sind im Bereich des passiven Glasfaserausbaus engagiert: Beispielhaft sein die Stadtwerke Karlsruhe (2023), die Stadtwerke München (2023) oder die Stadtwerke Neumünster (2023) genannt. Da Stromerweiterungsmaßnahmen in aller Regel unterirdisch ausgeführt werden, drängt sich dieses Geschäftsfeld, zumindest in rudimentären Ausprägungen, den Stromnetzgesellschaften geradezu auf – in den offenen Graben können Leerrohrverbünde eingelegt werden, in welche anschließend Glasfaserkabel eingeblasen werden. Die Netzgesellschaften können hierbei ihre gewünschte Wertschöpfungstiefe unternehmerisch gestalten – von der reinen Mitverlegung als Dienstleistung, über die Vermietung im eigenen Eigentum stehender Leerrohre bis hin zu vollständig entwickelten, passiven Glasfasernetzen.

Gleichzeitig muss erwähnt werden, dass der Markt für Breitbandprojekte derzeit heiß gelaufen ist und neue Akteure aufgrund von Material- und Personalengpässen einen ggf. herausfordernden Markteintritt vor sich haben. Wie in anderen Geschäftsfeldern greifen auch bei Breitbandprojekten Skaleneffekte, sodass der Markteintritt und die angestrebte Wertschöpfungstiefe durchdacht sein müssen (vgl. Husmann (2022)).

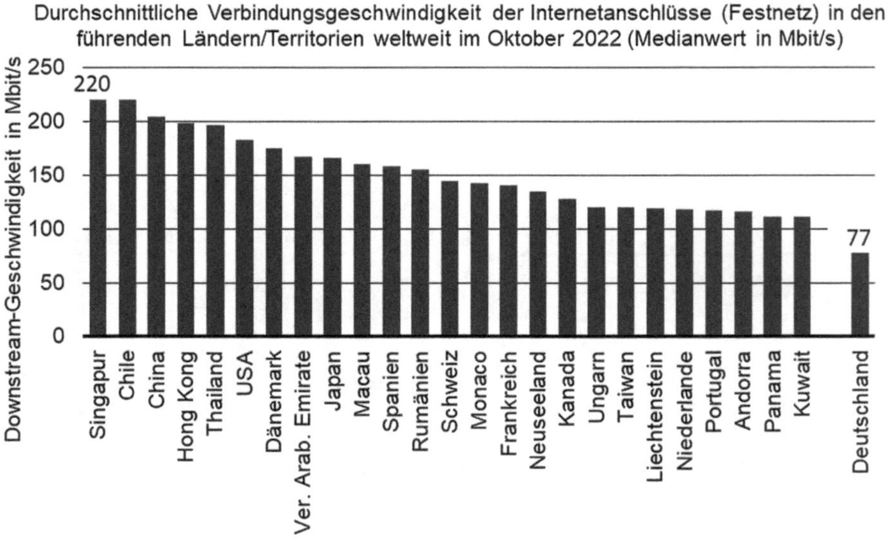

Abb. 2.16 Durchschnittliche Verbindungsgeschwindigkeit der Internetanschlüsse (Festnetz) in den führenden Ländern/Territorien weltweit im Oktober 2022 (Medianwert in Mbit/s, vgl. Ookla (2022))

Ist ein Glasfasernetz errichtet, kann es betrieben werden. Hierfür sind aktive Komponenten wie kleinere Internetknoten (sogenannte PoPs, *Points-of-Presence*, aus dem Englischen: Zugangsknoten, Übergabepunkt) und Signalverstärkungseinrichtungen notwendig. Auf dieses aktive, beleuchtete Glasfasernetz können anschließend Services wie Telefonie- oder Internetverträge, aber auch Cloud Services oder sicherheitskritische Verbindungen, geschaltet werden. Auch diese Aktivitäten werden von einer größeren Anzahl Energieversorger-naher Gesellschaften wahrgenommen – Beispiele hierfür ist die zum EnBW-Konzern gehörende NetCom GmbH, die über die badenova zum Thüga-Konzern gehörende badenIT GmbH oder die zu den Stadtwerken München gehörende M-net Telekommunikations GmbH.

Wettbewerbsdruck

Insbesondere das Marktsegment der Telekommunikations-Services ist von hohem Wettbewerbsdruck gekennzeichnet: Abb. 2.17 zeigt die Umsatzentwicklung von Telekommunikationsdiensten in Deutschland, welche seit 1998 erzielt werden konnten. Es wird deutlich, dass die Gesamtumsätze seit vielen Jahren stagnieren und zum Teil rückläufig sind

Vor diesem Hintergrund bietet sich allenfalls größeren Häusern die Gründung eigener Geschäftseinheiten in diesen Segmenten an. Kleinere Häuser wie die Stadtwerke Balingen konnten in der Vergangenheit keinen Gewinn mit ihren Datennetzen realisieren (vgl. Stadt Balingen (2022)). Auf der anderen Seite könnten durch kluge Kooperationen Mehrwerte erzeugt werden: Beispielsweise in Form von Bündelprodukten Strom/Internet, im operativen Ausbau der Breitbandnetze (Beispiel: Stadtwerk als Generalunternehmer und/oder Investor für den Ausbau seines Kerngebietes) oder im Bereich Wartung/Entstörung.

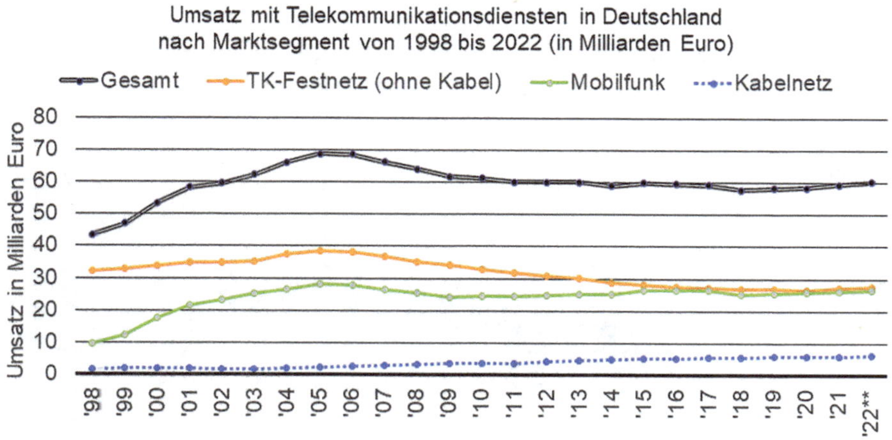

Abb. 2.17 Umsatz mit Telekommunikationsdiensten in Deutschland nach Marktsegment von 1998 bis 2022 (die Werte für 2022 beruhen auf einer Schätzung, in Milliarden Euro; vgl. VATM (2022))

2.4.4 Ladeinfrastruktur

Der Markt für Ladeinfrastruktur ist im Wesentlichen durch zwei Rollen gekennzeichnet:

Der **Charge Point Operator** ist als Errichter und Betreiber der Ladesäulen für die Planung, Genehmigung, Errichtung und Instandhaltung der (physischen) Ladeinfrastruktur zuständig. Ebenso obliegt ihm die Strombeschaffung für diese Infrastrukturen. Gemäß Artikel 33, Absatz 2, der EU-Strombinnenmarktrichtlinie, dürfen Stromverteilnetzbetreiber diese Rolle im Allgemeinen nicht einnehmen (vgl. Babalola (2016), Ferwerda et al. (2018)).

Wohingegen der **Mobility Service Provider** für den Bezahlvorgang inklusive benötigter Plattformen und Schnittstellen für Rechnungsstellung, Systembetriebsverwaltung wie auch für Dienstleistungen wie Ladekarten, Abonnements, mobile Applikationen und Karten verfügbarer Ladepunkte verantwortlich (vgl. Echeverri et al. (2019), McKenzie (2020)).

Abb. 2.18 verdeutlicht die Marktdynamik: Der Ausbau der Ladepunkte schreitet zügig voran, die Anzahl der Schnellladepunkte konnte von Januar 2017 bis Oktober 2022 von 630 auf 11.523 gesteigert werden, die der Normalladepunkte von 5748 auf 59.228.

Für Stadtwerke bietet sich eher die Rolle eines Charge Point Operator als die des Mobility Service Providers an, auch weil letztere einen deutlich größeren und teilweise bereits realisiertem Konsolidierungsdruck ausgesetzt sind – Nutzer möchten idealerweise europaweit mit ihrem Anbieter laden können, sodass räumlich begrenzte Angebote aus Anwendersicht problematisch sind. Gleichzeitig konnten sich in dieser Marktnische bereits größere Unternehmungen wie EnBW (2023b) oder Shell (2023) positionieren, was einen Markteintritt als Mobility Service Provider unattraktiv erscheinen lässt.

Herausforderungen für Charge Point Operators sind im Wesentlichen: (1) die benötigten investiven Mittel, um ein Netz mit einer Größe zu entwickeln, welches in Ge-

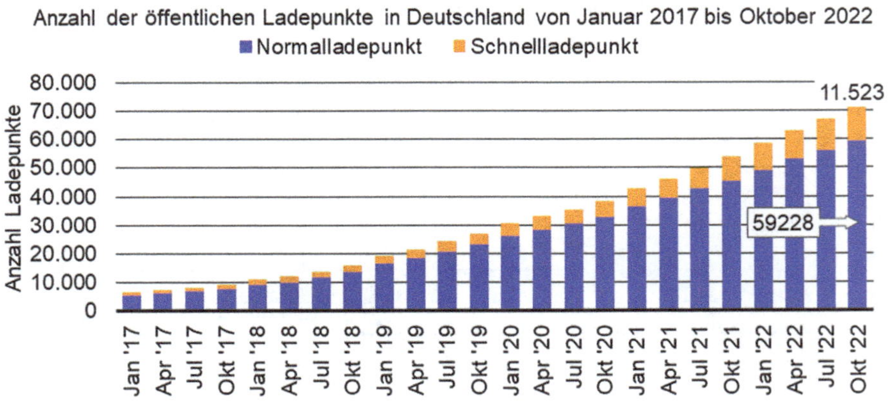

Abb. 2.18 Anzahl der öffentlichen Ladepunkte in Deutschland von Januar 2017 bis Oktober 2022 (vgl. Bundesnetzagentur (2022d))

sprächen mit Mobility Service Providern eine ausreichende Verhandlungsmasse darstellt, sowie (2) das Asset-Management der Ladeinfrastruktur:

Die Ladeinfrastruktur ist häufig Vandalismus ausgesetzt (vgl. „*E-Ladestation im Erzgebierge durch Böller zerstört*", TAG24 (2022), oder „*Stadtwerke wollen umgefahrene E-Ladesäule in der Südstadt wieder aufstellen*", Henneberg (2022)). Zudem befindet sich die Ladeinfrastruktur in vielen Fällen auf fremden Grund, wodurch ggf. hohe Mietkosten anfallen (vgl. Gomoll (2021)) und die langfristigen Nutzungsrechte fraglich erscheinen – beispielsweise könnte der Eigentümer des mit einer Ladesäule von einem Stadtwerk ausgestatteten Flurstücks nach Ablauf der Vertragslaufzeit Interesse an einem Weiterbetrieb der Anlagen in Eigenregie haben. In diesem Fall lägen die Aufwendungen für die Entwicklung des Standortes und des Marktes im Allgemeinen beim Charge Point Operator, die langfristigen Einnahmen aber beim Flächeneigentümer. Rechtlich ist es nicht möglich, einen Vertrag bürgerlichen Rechts über mehr als 30 Jahre abzuschließen. Möglicherweise haben Flächeneigentümer zudem ein Interesse an deutlich kürzeren Vertragslaufzeiten.

Vor diesem Hintergrund könnten strategische Kooperationen wie beispielsweise das 12 Stadtwerke umfassende TankE-Modell im Rheinland (vgl. TankE (2023)) einen gangbaren Weg für Stadtwerke mit Wachstumsambitionen in diesem Bereich darstellen. Auch in diesem Geschäftsfeld sollte die angestrebte Wertschöpfungstiefe bewusst geplant werden – durch die hohen Strombedarfe der (Schnelllade-)Stationen sind lokale Netzgesellschaften in den Ausbau mit gewissen Aufwendungen natürlicherweise involviert. Ein Alleingang eines mittelgroßen Stadtwerks in diesem Feld erscheint aufgrund der bereits laufenden Marktkonsolidierung als nicht mehr zielführend.

2.4.5 Wohnungsbau & Parkraummanagement

Viele Städte verfügen über eigene Wohnungsbaugesellschaften: Erwähnenswert sind u. a. die ABG FRANKFURT HOLDING, unter der die Stadt Frankfurt am Main ihre kommunalen Wohnungsbauunternehmen gebündelt hat, die Berliner degewo AG als größte Wohnungsgesellschaft im Landesbesitz oder die Stadtbau Pforzheim GmbH mit einer Bilanzsumme 2021 von 150 Mio. € und 2845 Wohnungen.

Das Engagement von Energieversorgern im Bereich Wohnungsbau ist entweder durch die Verwertung eigener Flächen gekennzeichnet (Beispiel: Umwandlung des ehemaligen Betriebsgeländes Stuttgart-Stöckach in ein Wohnviertel, vgl. EnBW (2023c)) oder dient der Schaffung von Werkswohnungen für Stadtwerke-Mitarbeiter wie die Aktivitäten der Wohnungsgesellschaft der Stadtwerke Köln mbH (2023).

Derzeit sind Stadtwerke in überschaubarem Umfang im Wohnungsbau engagiert; erwähnenswert sind z. B. die Stadtwerke Langen Immobilien GmbH (2023), die Freisinger Stadtwerke (2023) oder die Stadtwerke Heidenheim (2023). Schlagzeilen wie „*Wohnungsnot in Berlin: In Vollzeit auf der Suche*" (Dolif (2022)) oder „*Die Wohnungsnot in Deutschland verschlimmert sich dramatisch*" (Lange (2022)) sowie die in Abb. 2.19 dargestellte,

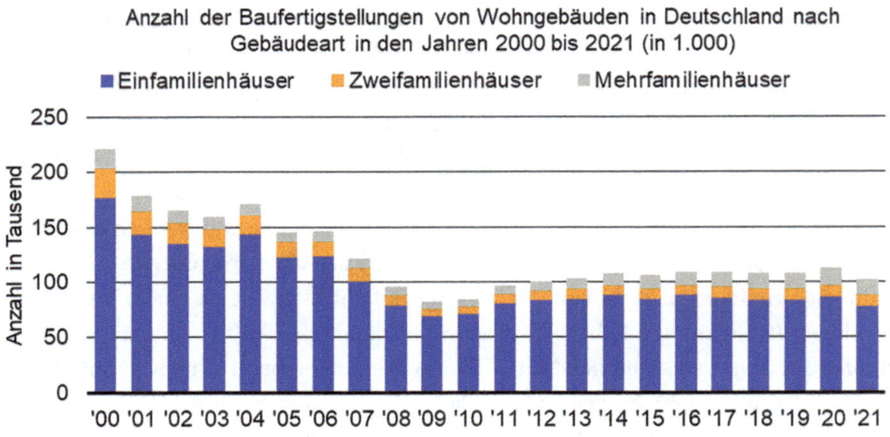

Abb. 2.19 Anzahl der Baufertigstellungen von Wohngebäuden in Deutschland nach Gebäudeart in den Jahren 2000 bis 2021 (in 1000, vgl. Statistisches Bundesamt (2022b))

fehlende Dynamik der Baufertigstellungen von Wohngebäuden in Deutschland deuten an, dass der politische Druck auf Stadtwerke, sich im Wohnungsbau zu engagieren, zunehmen könnte.

Inwieweit Stadtwerke, aus eigenem Antrieb oder aufgrund politischen Drucks, sich stärker im Wohnungsbau engagieren werden, bleibt abzuwarten. Eine prinzipielle Eignung für dieses Geschäftsfeld, gerade wenn die kommunale Nähe genutzt werden kann, erscheint gegeben. Auf der anderen Seite können Wohnungsbauprojekte im Quartiersmaßstab im Verhältnis zu den Bilanzsummen kleinerer Stadtwerke kommerziell recht ambitioniert erscheinen.

Parkraummanagement

Neben dem Wohnungsbau ist ein häufig aus der kommunalen Nähe gespeistes Geschäftsfeld zur Milderung städtischer Herausforderungen die Errichtung, Wartung und Betrieb von Parkierungsanlagen. So unterhalten die Stadtwerke Nagold fünf Parkierungsanlagen (Parkhäuser und Tiefgaragen, vgl. Stadt Nagold (2023)). Auch die Stadtwerke Tübingen (2023) sowie die Stadtwerke Heidelberg (2023) engagieren sich in diesem Bereich mit 7 respektive 4 Parkhäusern.

Der Betrieb von Parkhäusern kann kommerziell nicht uninteressant sein (vgl. Lorenz (2005), Eberhardt et al. (2018)), ferner ergeben sich mögliche Verzahnungseffekte zum Ausbau der Ladeinfrastruktur. Daneben erscheint die kulturelle Passung und Eignung der Stadtwerke für dieses Geschäftsfeld gegeben zu sein, welches zudem sehr stark lokal geprägt ist und nicht in einem regionalen oder gar nationalen Wettbewerb steht.

Negativ ist anzumerken, dass künftige Entwicklungen des städtischen Verkehrs auch zu einer Unterauslastung solcher Infrastrukturen führen können. Ferner kann dieses Geschäftsfeld in einem Spannungsverhältnis mit anderen Aktivitäten der Stadtwerke stehen, insbesondere dem öffentlichen Nahverkehr. Dieses Spannungsverhältnis kann sich aber auch durch Park&Ride-Konzepte im Rahmen einer ganzheitlichen Verkehrssteuerung auflösen.

2.5 4. Säule: Aufgaben der kommunalen Daseinsvorsorge

Stadtwerke agierten zum Teil als verlängerter, technischer Arm des politischen Willens und übernehmen Aufgaben von ihren kommunalen Eigentümern. Die Liste dieser Aufgaben ist lang, schließt allerdings insbesondere den öffentlichen Nahverkehr und kommunale Freizeiteinrichtungen ein. Diese, sowie weitere Aufgabenfelder im Überblick, werden im Folgenden thematisiert.

2.5.1 Öffentlicher Nahverkehr

Die Bereitstellung des öffentlichen Personennahverkehrs (ÖPNV) stellt eine freiwillige Selbstverwaltungsaufgabe der Kommune dar, steht aber aufgrund der Wichtigkeit für das Funktionieren der Städte und Gemeinden oft im Fokus der politischen Aufmerksamkeit (vgl. Delhaes (2022), Neuerer (2022)).

Abb. 2.20 und 2.21 verdeutlichen den Umfang und die Wichtigkeit des ÖPNVs in Deutschland: Vor der Corona-Pandemie betrug die Anzahl der im ÖPNV jährlich zurückgelegten Personenkilometer über 90 Mrd., hierzu wurden von 2015 bis 2019 über 10 Mrd. Fahrgäste befördert – von der Verfügbarkeit von Bussen und Bahnen hängen die Berufs- und Privatleben vieler Einwohner unmittelbar ab.

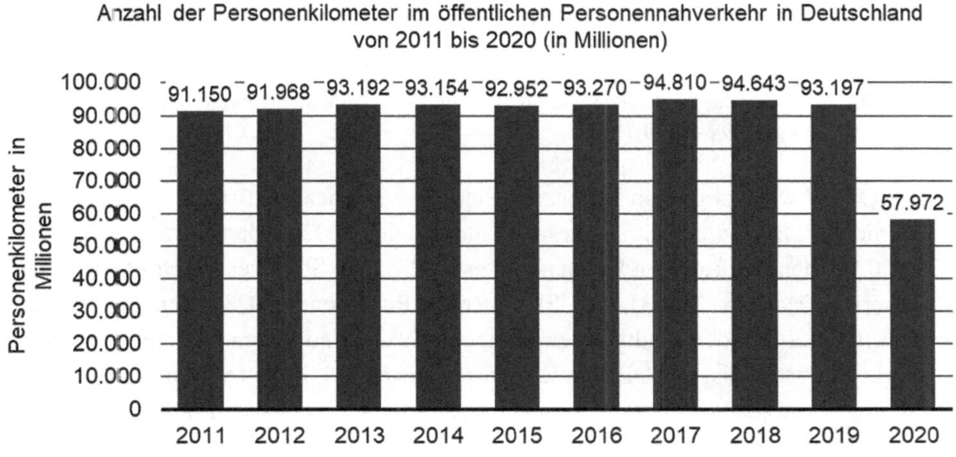

Abb. 2.20 Anzahl der Personenkilometer im öffentlichen Personennahverkehr in Deutschland von 2011 bis 2020 (in Millionen, vgl. VDV (2022))

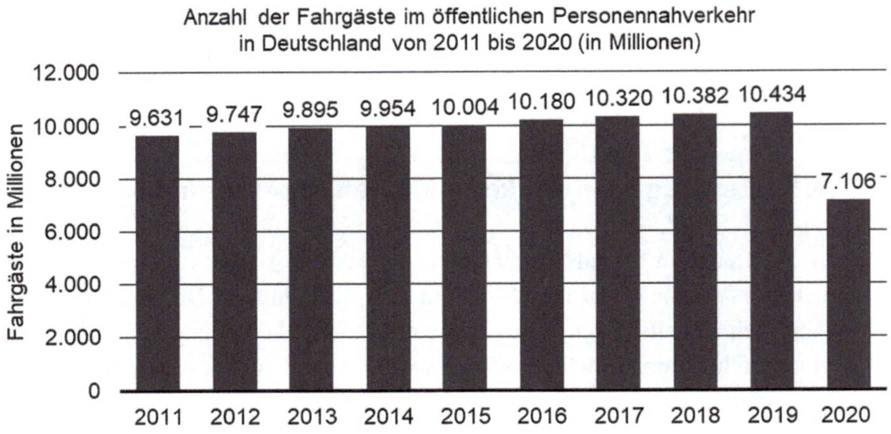

Abb. 2.21 Anzahl der Fahrgäste im öffentlichen Personennahverkehr in Deutschland von 2011 bis 2020 (in Millionen, 2020 Verwerfungen durch Corona-Pandemie, vgl. VDV (2022))

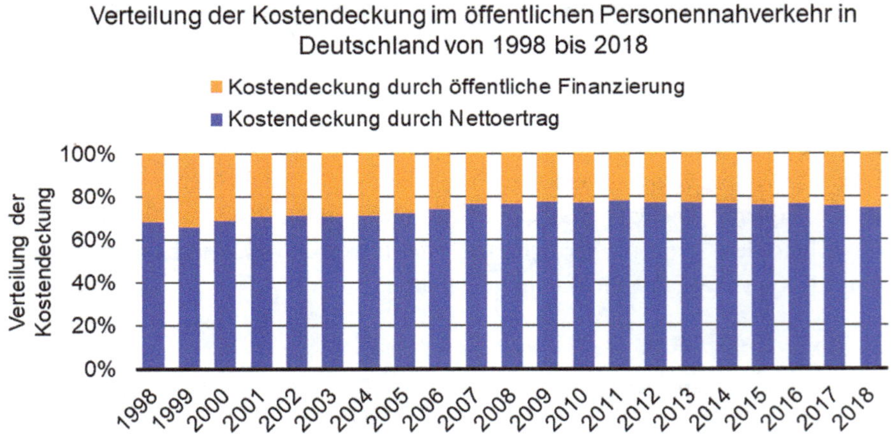

Abb. 2.22 Verteilung der Kostendeckung im öffentlichen Personennahverkehr in Deutschland von 1998 bis 2018. (Vgl. VDV (2020))

Der ÖPNV wird zu großen Teilen von Stadtwerken oder städtischen Gesellschaften koordiniert, z. B. von den Stadtwerken Baden-Baden (2023), den Stadtwerken Bamberg (2023), den Stadtwerken Emmendingen (2023), den Stadtwerken Hof (2023), den Stadtwerken Marburg (2023), den Stadtwerken Pirmasens (2023), den Stadtwerken Schweinfurt (2023), den Stadtwerken Tübingen (2023) und vielen weiteren Häusern.

In gleicher Breite ist der ÖPNV nicht kostendeckend, d. h. defizitär, und muss durch Zuzahlungen ausgeglichen werden. Abb. 2.22 verdeutlicht das Maß dieser Querfinanzierung: In den 21 Jahren zwischen 1998 und 2018 war die Kostendeckung des ÖPNVs nie über 80 % und erreichten 2018 nur 74 %.

Der ÖPNV wird für die Stadtwerke, in deren Verantwortung er sich bereits befindet, eine dauerhafte Aufgabe bleiben, dessen Querfinanzierung aus anderen Geschäftsfeldern allerdings herausfordernder wird (vgl. Stratmann (2022)). Bisher nicht im ÖPNV engagierte Stadtwerke werden allenfalls auf politischen Druck hin sich in dieses strukturell-defizitäre Feld entwickeln – aufgrund der Entwicklungen im Vergaberecht erscheint einen solcher Zwang unwahrscheinlich.

Optimistisch formuliert könnten mittelfristig elektrische, vollautonome Busse wesentliche Kostentreiber des ÖPNVs (konkret: Betriebs-, Wartungs- & Personalkosten) drastisch reduzieren und – bei gleichbleibenden Einnahmen – diesen möglicherweise in die Gewinnzone führen. Hierzu laufen eine große Reihe von Versuchsprojekten, z. B. in Bad Birnbach, Bad Soden-Salmünster, Darmstadt, Frankfurt am Main, Friedrichshafen, Hof, Iserlohn, Mainz, Monheim am Rhein und Neustadt an der Weinstraße (vgl. VDV (2023)).

Carsharing-Modelle können ein Engagement im Bereich Mobility neben dem klassischen ÖPNV sein – beispielhaft seien hierbei die Stadtwerke Aalen (2023), die Stadtwerk Bamberg (2023b) oder die Stadtwerke Gmünd (2023) stellvertretend für eine große Anzahl entsprechend aktiven Häusern genannt. Dieses Engagement fußt in allen genannten Beispielen auf Kooperationen mit überregional agierenden, spezialisierten Firmen. Im Fall von Aalen ist dies u. a. die Statkraft-Tochter *mer*. Solche Kooperationen können aufwandsarm die Angebotsbreite von Stadtwerken ohne größere finanzielle Risiken oder Verpflichtungen verbessern. Eigenentwicklungen von carsharing-Modellen sind durch im Wettbewerbervergleich fehlende Skalierungseffekte kritisch zu betrachten.

2.5.2 Tourismus- & Freizeiteinrichtungen

Stadtwerke tragen nicht selten die Verantwortung und Kosten kommunaler Freizeiteinrichtungen: So betreuen die Stadtwerke Heidelberg (2023) fünf Schwimmbäder, die Stadtwerke Baden-Baden (2023b) drei Schwimmbäder, die Stadtwerke Mühlacker (2023b) zwei Schwimmbäder und das Stadtwerk Regensburg (2023b) sowie die Stadtwerk Torgau (2023) jeweils ein Schwimmbad. Die Stadtwerke Neustrelitz verantworten einen Tierpark (Tiergarten Neustrelitz (2023)), der im Unterhalt allerdings günstiger sein könnte als die Eishallen der Stadtwerk Bietingheim-Bissingen (2023) und der Stadtwerk Heilbronn (2023). Die Stadtwerke Kulmbach (2023a) stellen eine Eisbahn zur Verfügung, verantworten aber auch noch 300 ha Wald (vgl. Stadtwerke Kulmbach (2023b)). Ebenfalls 90 ha Waldflächen und 150 ha urbane Grünflächen der Stadt Hürth werden von den dortigen Stadtwerken gepflegt (vgl. Stadtwerke Hürth (2023)). Die Schleswiger Stadtwerke (2023) betreuen rund 150 ha Grünflächen, daneben noch 50 Spielplätze und 12,8 ha Sportplätze. Die Stadtwerke Emden (2023) verantworten über eine Tochtergesellschaft den Betrieb eines lokalen Flugplatzes. Die Stadtwerke Eschwege (2023) betreuen – neben dem *espada*-Freizeitbad – auch noch einen Kletterwald sowie das Touristeninformationsbüro.

Die Touristeninformation wird auch in Celle durch das lokale Stadtwerk verantwortet (vgl. Stadtwerk Celle (2023)). Die Stadtwerke Konstanz (2023b) sehen sich gar unter „*den größten Touristikanbietern in der Region*", was insbesondere mit den Bodensee-Schifffahrtsgesellschaften in deren 100-prozentigem Eigentum begründet ist. Als weitere Freizeiteinrichtungen seien abschließend, aber nicht erschöpfend, Trinkwasserbrunnen (betrieben durch die Stadtwerk Düsseldorf (2023)), die Minigolf-Anlage der Stadtwerke Weissenburg (2023) oder City-W-Lan-Netze, beispielsweise jenes der Stadtwerk Duisburg (2023), genannt.

Der Betrieb solcher Schwimmbäder, wie auch der Betrieb weiterer Freizeiteinrichtungen wie Eislaufhallen, Saunen oder Parks, ist mit Ausgaben verbunden, die in der Regel nicht durch Einnahmen dieser Anlagen gedeckt werden. Als drastisches Beispiel seien die Stadtwerke Dinslaken genannt (vgl. Rheinische Post (2022)): Das Stadtwerk durfte 2021 die Eishalle Dinslaken von seinem kommunalen Eigentümer übernehmen. Als sich Sanierungskosten von geplanten 12,5 Mio. € auf 40 Mio. € erhöhten, stoppte der Aufsichtsrat der Stadtwerke Dinslaken diese Maßnahme. Die Eishalle wird nun ohne größere Investitionen – „*solange es die Technik und der Zustand des Daches*" erlauben – weiterbetrieben.

Abb. 2.23 veranschaulicht das Ausmaß dieser finanziellen Belastung am Beispiel der benötigten Investitionen in Schwimmbäder: In Summe hatten 2018 ca. 13,7 % der Schwimmbäder gravierende Investitionsrückstände, weitere 34,2 % hatten nennenswerte Investitionsrückstände, 28,2 % hatten geringe Investitionsrückstände und nur weniger als 24 % hatten keine Investitionsrückstände. Durch die gestiegenen Energiekosten (vgl. Abschn. 2.2.3) hat sich zudem der Betrieb der Bäder erheblich verteuert.

Stadtwerke, welche mit solchen Aufgaben betraut wurden, sollten auf eine transparente, verursachergerechte Darstellung der Kosten dieser Anlagen achten und die Geschäftsentwicklung kommerzieller Aktivitäten hiervon trennen. Hierdurch können, insbesondere wenn bei steigendem Druck auf das Kerngeschäft die Möglichkeiten der Querfinanzierung erschöpft sind, Diskussionen versachlicht werden.

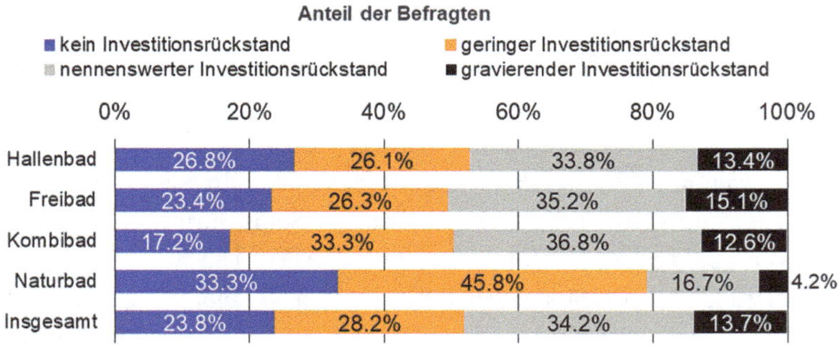

Abb. 2.23 Investitionsrückstand deutscher Schwimmbäder im Jahr 2018. (Nach Einschätzung der Badbetreiber, vgl. Deutsche Gesellschaft für das Badewesen (2019))

2.5.3 Weitere kommunale Aufgaben

Gemäß § 43 Abs. (2) Straßengesetz (StrG) sind die Träger der Straßenbaulast für die Kreisstraßen die Land- und Stadtkreise, für die übrigen öffentlichen Straßen liegt die Straßenbaulast bei den Kommunen. Mit der Straßenbaulast sind alle Aufgaben und Pflichten verbunden, welche mit dem Bau, der Unterhaltung und dem Betrieb von öffentlichen Verkehrsflächen zusammenhängen. Die operative Umsetzung dieser Pflichten liegt in der Regel bei Eigenbetrieben der Kommunen, respektive wird sie von diesen koordiniert. Als Beispiel seien die Stadtwerke Rösrath genannt, in deren Zuständigkeit die lokale Straßenreinigung und der Winterdienst fallen (vgl. Stadt Rösrath (2023)) sowie die Stadtwerke Waldkraiburg, welche ebenfalls den Winterdienst übernehmen (vgl. Stadtwerke Waldkraiburg (2023)).

In Deutschland gibt es keine allgemeine rechtliche Verpflichtung, öffentliche Räume auszuleuchten, allerdings müssen Gemeinden gemäß § 41 Abs. 1 StrG „*im Rahmen des Zumutbaren*" Straßen und Radwege innerhalb geschlossener Ortschaften beleuchten, „*soweit dies aus polizeilichen Gründen geboten ist*". Diese Verpflichtung zur Beleuchtung kann nicht auf Straßenanlieger übertragen werden (vgl. § 43 Abs. 2 StrG). Eine Vergabe dieser für Kommunen kostspieligen (vgl. Kuhn et al. (2009)) Pflicht geschieht an

a. Eigenbetriebe, was vergaberechtlich nicht unkritisch ist (vgl. Pietzcker (2010)), oder ist
b. an die Vergabe von Stromkonzessionen geknüpft, wobei insbesondere § 3 Konzessionsabgabenverordnung (KAV) zu beachten ist, oder
c. über eine vergaberechtlich unkritische, freie und wirtschaftliche Ausschreibung.

Weitere sogenannte pflichtige Selbstverwaltungsaufgaben der Kommunen sind die Abfallentsorgung, die Abwasserbeseitigung, der Katastrophenschutz sowie (in den meisten Bundesländern) die Trinkwasserversorgung. Eine pflichtige Selbstverwaltungsaufgabe muss die Kommune erfüllen, wobei die konkrete Art der Umsetzung in ihrem Ermessen liegt. Die Spezifika von Trink- und Abwassernetzen wurden in Abschn. 2.3.3 behandelt.

Im Bereich Katastrophenschutz sind Stadtwerke neben ihrem Engagement für die Versorgungssicherheit (Strom/Gas/Wärme) über Dienstleistungsangebote vertreten, beispielsweise über Notfallkommunikationsangebote (vgl. Ballestrem (2019)), der Zurverfügungstellung von Notstromaggregaten (vgl. Stadtwerke Sangerhausen (2023)) oder Reparaturdienstleistungen für Katastrophenschutzanlagen (vgl. Stadtwerk Regensburg (2023)). Vor dem Hintergrund der laufenden klimatologischen Änderungen erscheint dies ein potenziell wachsendes Geschäftsfeld zu sein, dessen lokal-individuelle Größe zu evaluieren ist

Die Abfallentsorgung kann über an Eigenbetriebe/kommunale Stadtwerke oder durch unabhängige Dritte organisiert werden. Beispiele für ersteres sind die Stadtwerke Aschaffenburg (2023), die Stadtreiniger Kassel (2023) oder die Stadtreiniger Würzburg (vgl. Stadt Würzburg (2023)), Beispiele für die Vergabe an Dritte finden sich u. a. in den Landkreisen Esslingen (vgl. Hauptmann (2022)) oder Ludwigsburg (vgl. Elsässer (2022)).

Häufig werden Teilleistungen (z. B. die Mülltonnenleerung) externalisiert, während andere Teilleistungen (z. B. der Betrieb Mülldeponien) über Eigenbetriebe abgedeckt werden (Beispiel: Landkreis Rems-Murr (2023)).

Zusammenfassend sei genannt, dass lokal gut vernetzte Stadtwerke diese kommunalen Aufgaben wahrnehmen können. Hierbei ist das Vergaberecht auf der einen Seite zu beachten sowie andererseits eine Ausgestaltung mit für beide Parteien tragbaren kommerziellen Rahmenbedingungen anzustreben.

2.6 Kultur und Selbstverständnis

Die Selbstverständnisse der Stadtwerke ähneln sich stark: So betonen die Stadtwerke Lutherstadt Wittenberg (2021) „*Versorgungssicherheit zählt zum Selbstverständnis*" und sehen in der „*Sicherstellung der Versorgung mit Strom, Wärme, sauberen Wasser und Telekommunikationsdienstleistungen sowie der uneingeschränkten Entsorgung von Abwasser*", d. h. dem Betrieb lokaler kritischer Infrastrukturen, ihre Kernaufgabe.

Dieser Regionalitätsgedanke kommt auch bei den Stadtwerken Metzingen nicht zu kurz: Mit dem Leitsatz „*Weil wir von hier sind*" sollen die feste Verwurzelung in der Region und die Zukunftsfähigkeit verdeutlicht werden. Auch das Stadtwerk Tauberfranken (2018) sieht sich als „*regionaler Energiepartner*" und das Stadtwerk Wunstorf (2023) meint „*Wir sind näher dran. An den Menschen. An der Region*".

Die Stadtwerke Müllheim-Staufen (2023) betonen ihre Anstrengungen für den Klimaschutz. Die Leipziger Stadtwerke (2023) sehen sich in diesem Zusammenhang in der Verantwortung, „*Menschen und Unternehmen sicher und klimafreundlich mit Energie zu versorgen*", was auch dem Selbstverständnis der Stadtwerke Solingen (2023) entspricht.

„*Wir kümmern uns*" und „*Wir kümmern uns drum*" sind die Leitsätze des Stadtwerks Andernach (2023) sowie des Verteilnetzbetreibers Netze BW (2023), welche wohl auch das Selbstverständnis der Stadtwerke Bad Saulgau (2023), jenes der Stadtwerke Erding („*langfristige Versorgungssicherheit, Nachhaltigkeit und Service für unsere Heimat*", vgl. Stadtwerke Erding (2023)) sowie auch das der Branche in Summe treffend zusammenfassen.

Jenseits dieser Außendarstellungen ergibt sich bei der Unternehmenskultur ein differenziertes Bild: Marquardt et al. (2010) stellen „*Defizite in der praktizierten Unternehmenskultur der Elektrizitätsversorger*" fest, Schepers et al. (2020) sprechen von „*unflexiblen Organisation[en] mit langen Entwicklungsdauern*" und „*mangelndem fachlichen und/oder methodischen Know-How*" innerhalb der Energiewirtschaft. Kunze et al. (2021) spricht mit Blick auf die Stadtwerke Konstanz von einer „*verwaltungsorientierte[n] Organisation, die bisher auf Stabilität ausgerichtet war*", die durch Marktdynamiken herausgefordert wird.

Auch der journalistische Blick auf andere Häuser offenbart kulturelle Eigenheiten: Die Stadtwerke Schorndorf trennten sich wenige Wochen nach Arbeitsbeginn von ihrem Geschäftsführer, da sich bereits „*unterschiedliche Ansichten zur Unternehmenskultur der*

Stadtwerke Schorndorf GmbH herauskristallisiert" (Pöschko (2020)) hatten. Bei den Neubrandenburger Stadtwerken ging 2020 der kaufmännische Geschäftsführer plötzlich nach kurzer Zeit, nachdem es bereits beim Abgang dessen Vorgängers „*Querelen*" gegeben hatte (vgl. Hertrich (2020)). DieStadtwerke Bad Säckingen verlieren nach nur zweijähriger Tätigkeit und nach „*für alle sehr belastende[n] Wochen und Monate[n]*" ihren Geschäftsführer (Gerber (2022)). In Bad Nauheim entwickelte sich der Geschäftsführer der Stadtwerke nach Fragezeichen um ein Wasserhochbehälter-Schwarzbauprojekt beruflich weiter (vgl. Wetterauer Zeitung (2019)).

Bei den Stadtwerken Lübeck erpresste der Betriebsratsvorsitzender die Geschäftsführung für ein höheres persönliches Gehalt, was den Abgang des Geschäftsführers zur Folge hatte (vgl. Popien (2013)). Ebenfalls vor Gericht landete der Stadtwerke-Skandal in Brandenburg/Havel, wo sich laut Anklage der technische Geschäftsführer persönlich bereicherte und für Untreue sowie Bestechlichkeit drei Jahre Haft erhielt (vgl. Stürmer (2015)).

Der Vize-Präsident des Bundes der Steuerzahler bezeichnete die Zustände innerhalb der Stadtwerke Geretsried als „*fast wie in einer Bananenrepublik*" (vgl. Wenzel (2010)): Der ehemalige Werkleiter hatte eine unsachgemäße Buchführung, inklusive der eigenen Spesenabrechnungen, forciert – die Kontrolle der hierfür zuständigen Gremien habe nicht funktioniert (vgl. Wenzel (2010)). Ebenfalls in der Kritik steht der Aufsichtsrat der Stadtwerke Bad Belzig, konkret in Form von Strafanzeigen gegen dessen Mitglieder: Spekulationen hatten zu einem Schaden in zweistelliger Millionenhöhe geführt, was im Dezember 2021 zu einem Insolvenzantrag der Stadtwerke und im Oktober 2022 zu einem Abwahlverfahren für den Bürgermeister führte (vgl. Kramer (2022)).

Der Blick in online-Bewertungsplattformen für Arbeitgeber fördert ein durchwachsenes Bild zu Tage: Ein Kommentar meint mit Bezug auf ein Stadtwerk im Südwesten, dass „*Mobbing (...) hier kein Fremdwort [ist] und (...) aktiv betrieben*" wird (vgl. Kununu (2019)). Bei einem anderen Stadtwerk, ebenfalls im Südwesten, sieht ein Schreiber „*starre Hierarchien, lange Entscheidungswege, öffentlicher Dienst*", findet aber dennoch: „*Guter Arbeitgeber*" (vgl. Glassdoor (2021)). In einem ostdeutschen Stadtwerk werden „*massive Probleme*" in der IT beklagt sowie eine hohe Mitarbeiterfluktuation („*In der IT gibt es hier massive Probleme*", vgl. Kununu (2022a), „*Ständig wechselnde Kollegen*", vgl. Kununu (2022b)). Bei einem an der Ostseeküste gelegenen Stadtwerk präsentiert sich die veröffentlichte Stimmungslage positiv: „*Das Miteinander macht Spaß*" (vgl. Kununu (2022c)) und die „*Kommunikation ist, auch über die Hierarchien immer auf Augenhöhe.*" (vgl. Kununu (2022d)). In Bezug auf viele Stadtwerke werden die Möglichkeiten des flexiblen und mobilen Arbeitens sowie Home-Office positiv hervorgehoben (vgl. z. B. Kununu (2022e), Kununu (2022f)). Die hier vorgestellten Kommentare sind in ihrer Menge nicht repräsentativ für die deutschen Stadtwerke, wurden aber aus Gründen der plakativen Veranschaulichung an dieser Stelle aufgeführt.

Daneben wurden die Stadtwerke Tübingen als ‚Top Company 2023' für Mitarbeiterfreundlichkeit ausgezeichnet (vgl. Stadtwerke Tübingen (2022)) und auch die Mitarbeiter der Stadtwerke am See scheinen mit ihrem Arbeitgeber zufrieden zu sein (vgl. Schwäbische (2022)). Die Stadtwerke Trier (2023) sprechen in ihrer Eigendarstellung von einem modernen Führungsselbstverständnis, welches u. a. auf Vertrauen, Wertschätzung, Ergebnisorientierung und bereichsübergreifender Zusammenarbeit basieren soll.

Zwischenfazit

Da die Energiewirtschaft in Deutschland sehr kleinteilig organisiert ist, und auch innerhalb einer Unternehmung verschiedene Haltungen, Umgangs- und Zusammenarbeitsformen ausgeprägt sein können, ist ein eine abschließende Einordnung ‚der' Unternehmenskultur innerhalb der Stadtwerkelandschaft nicht zielführend. Klar ist, dass die Langfristigkeit üblicher Geschäftsfelder der Stadtwerke mit zum Teil monopolistischer Marktbeherrschung sowie deren politische Nähe Entwicklungen ermöglichen kann, welche von Aufsichtsgremien und -behörden wachsam und kritisch begleitet werden müssen. Hierfür könnte, gerade bei der Besetzung von Aufsichtsgremien, künftig stärker auf Fachkompetenz geachtet werden. Vor dem Hintergrund steigender Komplexität kann man auch von einer solchen Notwendigkeit sprechen.

Grundlegende strategische Positionierungen und deren Bewertung

3

Nachdem in Kap. 2 die Strukturen innerhalb der Stadtwerke-Landschaft beleuchtet und klassifiziert wurden, wird nun darauf aufbauend in diesem Kapitel die strategischen Handlungs- und Positionierungsoptionen dieser Häuser betrachtet. Konkret wird die bereits aufgeworfene, zweite Frage beantwortet: *Welche grundlegenden strategischen Positionierungen sind für Stadtwerke denkbar und wie sind diese vor individuellen Hintergründen einzuordnen?*

Hierfür wird zunächst in Abschn. 3.1 der Stand aus Praxis und Literatur zusammengefasst. Anschließend wird in Abschn. 3.2 das ‚Konzept der drei Akteure', d. h. drei grundlegende Ausprägungen der strategischen Positionierung von Stadtwerken, motiviert und eingeführt. Das Drei-Akteurs-Konzept wird in Abschn. 3.3 mit dem Stand aus Praxis und Literatur einordnend verglichen.

3.1 Stadtwerke-Strategien in Praxis und Literatur

In diesem Abschnitt werden zunächst Aussagen zu Strategien und strategischen Positionierungen einzelner Akteure in der Energiewirtschaft, insbesondere anhand von Geschäftsberichten und Pressemitteilungen, verglichen. Der Fokus liegt hierbei auf eigenen Aussagen und Darstellungen der einzelnen Firmen. Anschließend werden Studien und Untersuchungen im Umfeld strategischer Fragestellungen für Stadtwerke eingeordnet.

P. Kuhn, *Struktur und strategische Handlungsoptionen deutscher Stadtwerke*,
https://doi.org/10.1007/978-3-658-42301-8_3

3.1.1 Strategische Positionierungen in den Geschäftsberichten

In diesem Abschnitt werden strategische Positionierungen ausgewählter Unternehmen der Energiewirtschaft anhand deren Veröffentlichungen diskutiert. Die ausgewählten Unternehmen mit Begründung der Auswahl sind:

1. Die EnBW AG als größter vollintegrierter Energieversorger Deutschland
2. Die Thüga-Gruppe als Beispiel für eine Kooperationsplattform
3. RWE als Vertreter eines spezialisierten Großunternehmens
4. E.ON als größter deutscher Stromnetzbetreiber
5. Die Nürnberger N-ERGIE als Repräsentant eines großen Stadtwerks
6. Die Stadtwerke Kaiserslautern als Beispiel eines mittelgroßen Stadtwerkes
7. Die Stadtwerke Tauberfranken sowie die Stadtwerke Emden als Vertreter der kleinen Stadtwerke

Die **EnBW AG** ist der größte deutsche vollintegrierte. Vollintegriert bedeutet, dass alle Wertschöpfungsstufen der Energiewirtschaft, d. h. die Säulen 1–3 des Vier-Säulen-Modells, bearbeitet werden. Damit ähnelt die EnBW AG einem (sehr) großen Stadtwerk. Im integrierten Geschäftsbericht der EnBW AG (vgl. EnBW (2022)) kommt der Begriff ‚Strategie' 110-mal vor: Ökologie, Ökonomie und Soziales seien in der Strategie EnBW 2025 fest verankert und unter anderem offshore-Windparkprojekte werden als wichtige Meilensteine der Wachstums- und Klimaneutralitätsstrategie verstanden. Als wesentliches Ziel der Strategie EnBW 2025 wird ein „*ausgewogenes und diversifiziertes Geschäftsportfolio*" verstanden, welches entlang der Geschäftssäulen „*Intelligente Infrastruktur für Kund*innen*", „*Systemkritische Infrastruktur*" und „*Nachhaltige Erzeugungsinfrastruktur*" wächst. Die Vision der EnBW 2025 ist jene des „*nachhaltigen und innovativen Infrastrukturpartners*". Verschiedene Strategien (u. a. Personal-Strategie, Finanzierungs-Strategie, Wasserstoff-Strategie) werden neben der Konzernstrategie gesondert behandelt. Daneben liegt ein detailliert beschriebener Pfad zur Erreichung der Klimaneutralität bis 2035 vor (vgl. EnBW (2020)). Zur Finanzierung des Netzausbaus werden Tochterunternehmen für Investoren geöffnet (vgl. Schütze (2022b)). In Summe verfügt die EnBW AG damit über eine klar und detailliert aufgeschlüsselte strategische Positionierung (vgl. Moody's (2022)).

Die **Thüga Holding GmbH & Co. KGaA** ist ein Konzern der deutschen Energiewirtschaft, welcher gegenüber Kunden, Umweltverbänden und Öffentlichkeit kaum in Erscheinung tritt, dennoch mit 24,7 Mrd. € (vgl. Thüga (2022b)) einen Umsatz in vergleichbarer Größenordnung wie die EnBW mit 32,1 Mrd. € (vgl. EnBW (2022)) vorweist. Das Gesicht der Thüga zu den lokalen Stakeholdern ist die jeweilige (Minderheits-)Beteiligung vor Ort (beispielsweise die Würzburger Versorgungs- und Verkehrs-GmbH). Über diese kommunikative Aufstellung kann die lokale Verbundenheit bewusst in den Vordergrund gestellt werden, gleichzeitig können Stadtwerke von einheitlichen Plattformen und Systemen profitieren. Thüga (vgl. Thüga (2022b)) beschreibt sich selbst als „*einzigartiges*

Beteiligungsmodell aus: Rund 100 Stadtwerke[n] und regionale[n] Energieversorger[n]". Der Begriff ‚Strategie' kommt im Jahresbericht 2021 nur 12-mal vor, insbesondere im Zusammenhang mit Konzepten für die Wärmewende und Wasserversorgung. Dies kann dahingehend interpretiert werden, dass diese große Menge an (Minderheits-)Beteiligungen schwerlich auf eine einheitliche Strategie einzuschwören ist. Eine Pressemitteilung der Thüga-Gruppe aus dem Jahr 2016 (vgl. Thüga (2016)) sieht die „*Thüga-Gruppe in Summe gut aufgestellt*", aber u. a. den „*Gesamt-Profit-Pool der deutschen leitungsgebundenen Energiewirtschaft rückläufig*" und fragt: „*Kann ein einzelnes Stadtwerk all diese Herausforderungen allein bewältigen?*". Die Thüga empfiehlt eine Konzentration auf das Kerngeschäft mit kontinuierlicher Optimierung unter dem Motto „*Exzellenz im Kerngeschäft*". Dies beinhalte Kosten- und Prozessoptimierung sowie Kundenzentrierung, aber auch den Aufbau neuer Geschäftsfelder. Zusammengefasst ist die heterogene Struktur der Thüga-Gruppe im Vergleich zur tendenziell zentralistisch geführten EnBW AG herausfordernder strategisch zu positionieren, was insbesondere während Marktumbrüchen problematisch erscheinen kann. Die getroffenen Aussagen spiegeln sich in einem auffälligen Fehlen von Pressemitteilungen und Berichten zur Thüga-Strategie wider.

Im Geschäftsbericht 2021 der **RWE AG** (vgl. RWE (2022)), einem Energiekonzern mit dem Schwerpunkt Stromproduktion sowie weiteren Kerngeschäftsfeldern im Bereich der Speicherung von Strom und Gas, dem Handel und in Zusammenhang mit Wasserstoff-Projekten, kommt der Begriff Strategie 44-mal vor: Die Konzernstrategie (Umsatz 2021: 24,5 Mrd. €) wird unter dem Titel „*Growing Green*" zusammengefasst, welche in Investitionen von 50 Mrd. € bis 2030 in Wind- und Solarparks, Batteriespeicher, Back-up-Kraftwerke und Wasserstoffanlagen resultiert. Die hierfür notwendigen Initiativen sind klar benannt und beinhalten die Dekarbonisierung der Stromerzeugung, die Schaffung von Speichern und Back-up-Kapazitäten sowie den Einstieg in die Wasserstoffwirtschaft. Das EBITDA als zentrale Kenngröße für den Unternehmensgewinn soll bis 2030 auf 5 Mrd. € steigen, d. h. 80 % mehr als im Jahr 2021. Wie die EnBW AG öffnet sich die RWE AG für Investoren zur Finanzierung des Wachstums (vgl. RWE (2022b)). Damit stellt sich die Strategie der RWE als klar fokussiert dar.

Die **E.ON SE** (Umsatz 2021: 77,3 Mrd. €) ist der größte Stromnetzbetreiber in Deutschland und ferner im Bereich Commodity-Vertrieb engagiert. Der Begriff ‚Strategie' kommt 196-mal im Geschäftsbericht 2021 vor (vgl. E.ON (2022)). Hierbei wird ein „*Strategiedreieck*" bestehend aus Wachstum, Nachhaltigkeit und Digitalisierung definiert. Weitere strategische Überlegungen betreffen die Finanzierungssituation sowie die Personalstrategie. Die E.ON SE stellt neben dem Geschäftsbericht ihre strategische Positionierung im Sinne einer „*nachhaltigen Plattform für die Energiewende in Europa*" in gesonderten Veröffentlichungen verständlich dar (vgl. E.ON (2023)). Aufgrund der Fokussierung sowie der bereits laufenden, gut kommunizierten Maßnahmen im Netzausbau wirkt die E. ON-Strategie transparent und nachvollziehbar.

Die **N-ERGIE Aktiengesellschaft** ist ein regionaler Energieversorger im Großraum Nürnberg/Franken mit einem Umsatz im Jahr 2021 von 3,4 Mrd. €, dessen Leistungsspektrum die Erzeugung von Strom und Fernwärme, die Verteilung und den Vertrieb von

Strom, Erdgas und Fernwärme sowie die Gewinnung und Abgabe von Trinkwasser, aber auch die Bereitstellung energienaher Dienstleistungen umfasst (vgl. E-NERGIE (2022)). Der Begriff ‚Strategie' kommt im Geschäftsbericht 2021 4-mal vor: Zweimal im Zusammenhang mit der „*vorrauschauende[n] und konservative[n] Beschaffungsstrategie*" von Erdgas, einmal im Kontext „*zwingend systemische[r] Anpassungen und Verbesserungen in den grundlegenden Systemen des Netzgeschäfts und daraus resultierend in der Digitalisierungsstrategie*". Die letzte Nennung geht auf den Koalitionsvertrag der Bundesregierung und die dort hinterlegt Biomasse-Strategie zurück. Im Geschäftsbericht 2021 werden an mehreren Stellen die Notwendigkeit eines leistungsstarken Stromnetzes zur Erreichung der Klimaschutzziele, die Wichtigkeit der Fernwärmeversorgung in der Stadt Nürnberg sowie Investitionen in die Verkehrswende thematisiert. Weitere relevante Veröffentlichungen zur Strategie der N-ERGIE konnten nicht ermittelt werden. Damit wirkt deren strategische Positionierung wenig tangibel und austauschbar.

Die **SWK Stadtwerke Kaiserslautern GmbH** (Umsatz 2020: 111 Mio. €, vgl. Stadtwerke Kaiserslautern (2022)) sind ein kommunaler Energieversorger mit den Geschäftsbereichen Strom-, Erdgas-, Wasser-, Fernwärme-Versorgung und Telekommunikation/ Breitband und verantworten die Gas- und Wassernetze in der Stadt Kaiserslautern (dort auch das Stromnetz) sowie in 20 umliegenden Gemeinden. An den Stadtwerken Kaiserslautern ist die Thüga AG mit 25,1 % beteiligt, die übrigen Anteile liegen mittelbar bei der Stadt Kaiserslautern. Der Begriff ‚Strategie' kommt im Beteiligungsbericht 2021 nicht vor (vgl. Stadtwerke Kaiserslautern (2022)), eine strategische Positionierung könnte in folgenden Worten verankert werden: „*Wir sind von hier. Und genau deswegen machen wir uns auch für unsere Stadt und die Region stark. Das war schon immer so und wird auch so bleiben*" (vgl. Stadtwerke Kaiserslautern (2023)). Im Rahmen einer weiteren Veröffentlichung (vgl. Stadtwerke Kaiserslautern (2021)) wird das Ziel definiert, „*der beste Partner und Unterstützer zu sein: für Kunden, Mitarbeitende und die gesamte Region*". Aus diesen allgemein gehaltenen Aussagen lässt sich keine klare Positionierung ableiten.

Die **Stadtwerke Tauberfranken** (Umsatz 2021: 64,3 Mio. €, vgl. Geschäftsbericht 2021, Stadtwerk Tauberfranken (2022)) sind ein Energie- und Wasserversorger mit dem „*Interessensgebiet*" im nordöstlichen Baden-Württemberg, welcher in einer überschaubaren Anzahl an Kleinstädten Strom-, Gas-, Wärme- und Wassernetze betreibt und für benachbarte, kleinere Stadtwerke die Betriebsführung (d. h. das vollständige operative Tagesgeschehen) übernommen hat. Die Gesellschafter der Stadtwerke Tauberfranken sind mit 39,9 % die Thüga AG, die übrigen Anteile befinden sich mittelbar in kommunaler Hand. Der Begriff ‚Strategie' kommt im Geschäftsbericht 2021 6-mal vor: Präzise und transparent wird die Unternehmensstrategie entlang Bezeichnungen wie „*moderne Energiekonzepte*" oder „*regionaler, verantwortungsbewusster und innovativer Energiepartner*" skizziert. Eine Erweiterung der Geschäftsfelder, namentlich genannt sind „*Telekommunikations- und Smart City-Dienstleistungen*", wird angestrebt. Ebenso Teil der strategischen Ausführungen ist eine Kooperation mit einem überregionalen Wasserzweckverband. Trotz der Kürze der Ausführungen und der etwas allgemein gehaltenen Formulierungen erschließt sich die Strategie der Stadtwerke Tauberfranken – größtenteils scheint es um eine Fortführung des Status quos mit vorsichtigen Änderungen an den Rändern des Kerngeschäftes zu gehen.

Die Analyse der **Stadtwerke Emden** (Umsatz 2020: 67,8 Mio. €) stützt sich auf eine Ausarbeitung von Bickenbach (2023) sowie deren Geschäftsberichten (vgl. Stadtwerke Emden (2023)). Die Stadtwerke sind Versorger (Strom, Gas, Wasser, Wärme) und betreiben zudem als Besonderheiten den Flugplatz Emden sowie ein Parkhaus. Der Begriff ‚Strategie' kommt im Geschäftsbericht 2020 9-mal vor, unter anderem im Zusammenhang mit einer Digitalisierungs- und IT-Strategie sowie einer Ausbaustrategie im Bereich Ladeinfrastruktur. Die Stadt Emden hat frühzeitig ein Umweltkonzept bestehend aus vier Initiativen verabschiedet:

1. Ausbau erneuerbarer Energien
2. Energiesparen
3. Ausbau Kraft-Wärme-Kopplung
4. Erhöhung der Energieeffizienz

Zielsetzung ist, dass die Stadt Emden bis 2030 zu jeder Tages- und Nachtzeit vollständig mit erneuerbarer Energie versorgt kann. Hierdurch ist die Strategie der Stadtwerke Emden klar von deren Eigentümern vorgegeben.

Zusammengefasst, kann festgehalten werden, dass große, spezialisierte Akteure wie E.ON oder RWE häufig eine klar formulierte und gut kommunizierte Strategie vorweisen können, was nicht zuletzt von deren Finanzierungsbedarfen und den Transparenzanforderungen am Kapitalmarkt abhängen könnte. Thematisch breiter aufgestellte Häuser stehen dabei vor größeren kommunikativen Herausforderungen, welche mehr oder weniger transparent gelöst werden. Die Klarheit in der Darstellung der strategischen Positionierung scheint hierbei unabhängig von der Unternehmensgröße zu sein.

3.1.2 Studien und Untersuchungen zu Stadtwerke-Strategien

Strategische Handlungsmöglichkeiten und Herausforderungen der Stadtwerke sind Gegenstand vielfältiger Studien:

2009 fragte pwc *„Kooperationen von Stadtwerken – ein Erfolgsmodell?"* (vgl. pwc (2009)) und definierte Bedingungen sowie Erfolgsfaktoren solcher Modelle auf Basis von 322 an der Studie beteiligten Geschäftsführern, Vorständen und Aufsichtsratsvorsitzenden aus 278 Stadtwerken. Nur 24 % der Befragten sahen im Bereich Erzeugung eine Kernkompetenz von Stadtwerken – diese Fähigkeit wurde vor allem im Vertrieb gesehen (89 %). Möglichkeiten und die Bereitschaft für horizontale Kooperationen wurden insbesondere im Mess- und Zählwesen (67 %) sowie bei Shared Services (68 %) gesehen. Wesentliche Ziele solcher Kooperationen waren die Minderung von Kostendruck (82 % der Befragten), Wissens- und Kompetenzerwerb (80 % der Geschäftsführer) und die Optimierung von Investitionskosten (79 % der Geschäftsführer). Gleichzeitig gaben 25 % der

Befragten an, „*noch nie*“ eine Kooperation eingegangen zu sein; 59 % hatten zumindest 1 bis 3 Kooperationen. Als wesentlicher Erfolgsfaktor gelungener Kooperationen wird ein solider strategischer Fit, d. h. der Gleichklang von Unternehmenszielen der beteiligten Partner, identifiziert. Als bedeutender Grund für gescheiterte Kooperationen werden divergierende Unternehmenskulturen genannt.

Lenk et al. (2010) sehen schwerpunktmäßig drei strategische Hebel für Stadtwerke:

a. Horizontale Kooperationen und Verlängerung der Wertschöpfungskette als Wachstumshebel,
b. Bestandssicherung über eine stabile Kundenbasis sowie
c. Nachhaltigkeit als Zukunftsthema

Die Autoren halten fest, dass 43 % der befragten Stadtwerke über keine schriftlich niedergelegte Strategie verfügen sowie 57 % keine Mindestrenditevorgaben für Geschäftsfelder definiert haben. Lenk et al. (2010) stellen ferner folgende zehn Fragen zur Strategieentwicklung für Stadtwerken auf:

1. Wie kann der Erfolgsfaktor „Strategie“ in den Köpfen von Führungskräften, Aufsichtsgremien und Eigentümern der Stadtwerke nachhaltig verankert werden?
2. Welchen Anforderungen muss eine „gute“ Stadtwerke-Strategie gerecht werden?
3. Wie ist ein ergebnisorientierter Strategieprozess in einem Stadtwerk zu gestalten (Vorgehensweise, Akteure, Analyseinstrumente etc.)?
4. Wie kann der individuelle Zukunftspfad des jeweiligen Stadtwerks zuverlässig ermittelt werden?
5. Welches sind geeignete Instrumente zur Bewertung des strategischen Status quo?
6. Welche Risiken sind im Rahmen eines Strategieprozesses zu berücksichtigen?
7. Wie kann die Strategieverfolgung, beispielsweise im Sinn von Verknüpfung der Strategie mit Wirtschaftsplanungen, der Ausrichtung der Steuerungssysteme oder der Einbindung der Mitarbeiter, sichergestellt werden?
8. Wie ist die Weiterentwicklung der Stadtwerke-Strategie zu institutionalisieren?
9. Wie können Effizienzsteigerungspotenziale in Stadtwerken systematisch ermittelt und gehoben werden?
10. Wie ist das jeweilige Stadtwerk strategisch zu positionieren, um mittel- und langfristig trotz großer Herausforderungen erfolgreich zu sein?

2011 untersuchten Baier et al. (2011), welche Perspektiven die auf die regionale Energiewirtschaft einwirkenden Faktoren Preisdruck, Regulierung und Technologie ermöglichen. Zentrale strategische Handlungsfelder für regionale Energieversorger wurden in den Bereichen Ertragskraft und Wachstum gesehen, d. h. in der Stabilisierung der Umsatzgrundlage, in der Steigerung der Wettbewerbsfähigkeit und in der Erschließung neuer Geschäftsfelder. Neue Geschäftschancen wurden vor allem im Handel, im Ausbau des Contracting-Geschäfts und im Netzmanagement gesehen, wobei „*viele Energieversorger in*

Anbetracht der zahlreichen Unsicherheiten noch kaum klare strategische Antworten auf die Herausforderungen der Zukunft geben können", gleichsam „*Abwarten' eine riskante Strategie darstellt*" (Baier et al. (2011)).

2014 und 2015 fragten EY & BDEW (2015) 100 Geschäftsführer und Vorstände von Stadtwerken und Energieversorgern, welche strategischen Optionen sie für ihre künftige Wettbewerbsfähigkeiten als erfolgversprechend beurteilen – Abb. 3.1 visualisiert das Meinungsbild: 68 % sahen 2015 Kooperationsstrategien und die Rolle als Infrastrukturdienstleister in der Kommune als gangbare Wege an, dicht gefolgt vom Ausbau neuer Geschäftsfelder und vertrieblichem Wachstum. Größere Änderungen in den Meinungsbildern 2014 und 2015 ergaben sich bei der Attraktivität von Akquisitionsstrategien (Zunahme von 28 % auf 42 %) und bei der Vergrößerung des Konzessionsgebietes (Abnahme von 49 % auf 33 %). Ein Verkauf des (Strom-/Gas-/Wasser-)Netzes war nur für eine verschwindend kleine Minderheit von 2 % relevant. Die Studie ist mit 100 Teilnehmenden nicht repräsentativ und ggf. durch damaliges Tagesgeschehen verzerrt. Dennoch stellt sie ein Meinungsbild bezüglich einer Menge an strategischen Handlungsoptionen dar.

In pwc (2017) wird ein Modell der strategischen Positionierungen skizziert, welches zwischen den Rollen als

Abb. 3.1 Umfrage unter Geschäftsführern und Vorständen von Stadtwerken und Energieversorgern (Anzahl der Befragten: jeweils 100, 2014 und 2015) bzgl. der Frage: „*Für wie erfolgsversprechend halten Sie die folgenden strategischen Optionen, um zukünftig im Wettbewerb bestehen zu können?*", Erhebungszeitraum Februar 2015 respektive Februar 2014. (Vgl. EY & BDEW (2015))

1. Infrastrukturdienstleister (Ausbau von netznahen Kompetenzen, z. B. durch Beteiligung an Tiefbauunternehmen oder Telekommunikationsdienstleistungen),
2. kommunales Full-Service-Unternehmen (Übernahme kommunaler Aufgaben, beispielsweise Stadtentwicklung oder Grünpflege) und
3. Service-Provider mit hohem Wertschöpfungsanteil der Dienstleistungen

unterscheidet.

Strategien unter Einbeziehung von Kooperationen werden von mehreren Erhebungen thematisiert (vgl. pwc (2009), Lenk et al. (2010), EY & BDEW (2015), Rödl & Partner (2016), EY & BDEW (2022)). Eine Studie (vgl. VNG (2018)) fragte 2017 Energieversorger, Verkehrs- und Wohngesellschaften in Ostdeutschland nach Bereichen, in denen diese Unternehmen Kooperationsmöglichkeiten mit Externen sehen. Die Antworten sind in Abb. 3.2 dargestellt:

Zunächst fällt eine breite Streuung der genannten Bereiche auf – keines der genannten Geschäftsfelder erhält einen Zuspruch von mehr als 40 % der Befragten. Mieterstrommodelle, Energiedienstleistungen und Contracting im Bereich Heizungstechnik liegen mit zweimal 39,8 % und 37,3 % fast gleichauf. Ähnliches gilt für die Bereiche Ladeinfrastruktur, Beratung bei Sanierungsvorhaben und Quartiersversorgungskonzepte (28,9 %, 28,9 % und 27,7 %). Etwas abgeschlagen wird die transparente Darstellung von Verbräuchen und Kosten sowie Carsharing nur von 13,3 % der Befragten als Bereich mit Kooperationsmöglichkeiten gesehen.

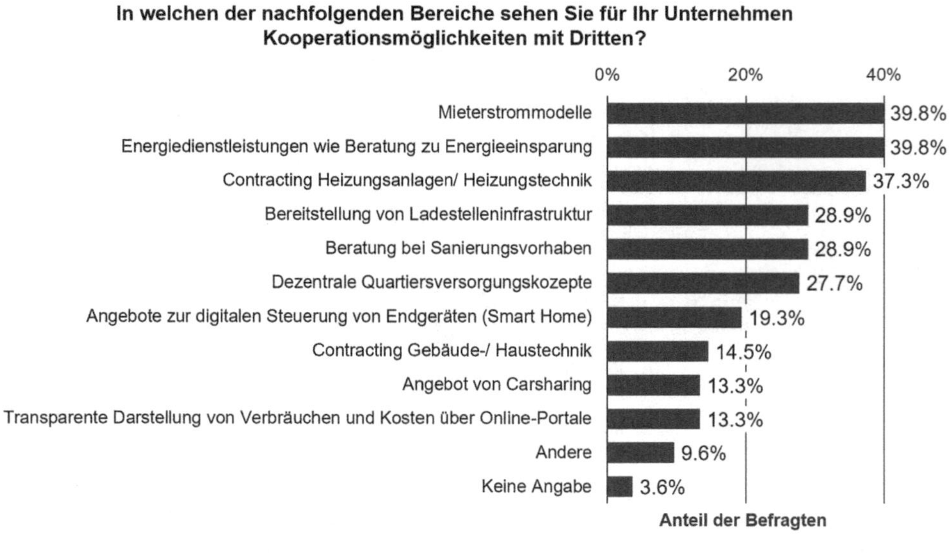

Abb. 3.2 Umfrage unter Energieversorgern, Verkehrs- und Wohngesellschaften in Ostdeutschland bzgl. der Frage: „*In welchen der nachfolgenden Bereiche sehen Sie für Ihr Unternehmen Kooperationsmöglichkeiten mit Dritten?*“, Erhebungszeitraum Ende Juni bis Ende Juli 2017, schriftliche Befragung mit 83 Teilnehmern, Mehrfachnennungen waren möglich. (Vgl. VNG (2018))

Rödl & Partner (2016) stellen fest, dass für etwa die Hälfte der Befragten (Geschäftsführer, Vorstände, kaufmännische Werkleiter und leitende Angestellte aus Stadtwerken und kommunalen Energieversorgungsunternehmen) Strategie-planung und Unternehmensentwicklung von untergeordneter Wichtigkeit sind, gleichsam mittelfristig eine Eintrübung der wirtschaftlichen Lage erwartet wird. Dieser Eintrübung wird insbesondere durch folgende Maßnahmen begegnet:

1. organisatorische Restrukturierung,
2. die Entwicklung neuer Geschäftsfelder,
3. die Verbesserung des Controllings,
4. die Erweiterung bestehender Geschäftsfelder und
5. Kooperationen.

Gezielte Desinvestitionen und Outsourcing spielen eine untergeordnete Rolle in den Planungen. Die in dieser Studie festgestellten Investitionsstrategien zielen hauptsächlich auf die klassischen Geschäftsfelder Wärme, Energievertrieb, erneuerbare Energien und Digitalisierung. Konkrete operative Schritte zur Umsetzung dieser Initiativen werden nicht thematisiert.

Gewinn- und Gemeinwohlorientierung

Jenner et al. (2017) skizzieren mögliche strategische Positionierungen von Stadtwerken im Spannungsfeld der Gewinn- und Gemeinwohlorientierung. Das Spannungsfeld und mögliche Positionierungen sind in Abb. 3.3 visualisiert.

Der ‚Koordinator regionaler Projekte' als „*Know-How-Hub für die Stadt von morgen*" wie auch der ‚Umsetzer der Energiewende vor Ort', welcher die Energiewende in den Sektoren Strom, Wärme und Verkehr aktiv vorantreibt, sehen Ihre Daseinsberechtigung primär durch den gesellschaftlichen (Mehr-)Wert des Unternehmens.

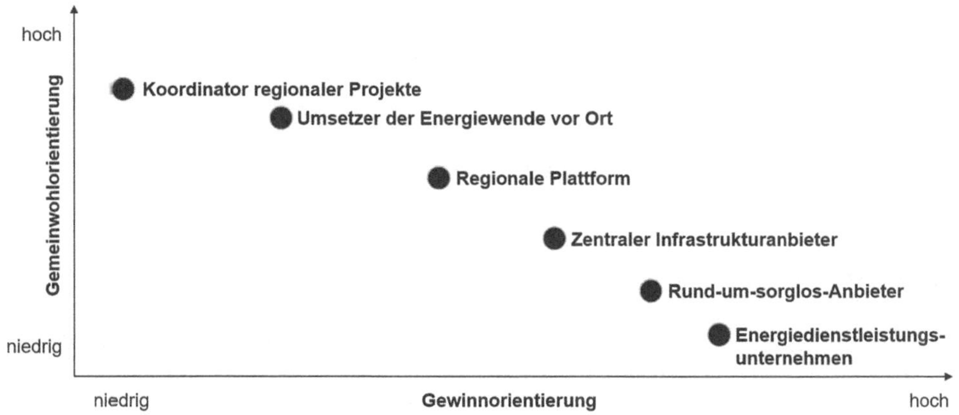

Abb. 3.3 Mögliche künftige Rollenverständnisse von Stadtwerken nach Jenner et al. (2017)

Die Rollen

- ‚Zentraler Infrastrukturanbieter', der analoge und digitale Infrastrukturen zusammenbringt und datengetriebene Geschäftsmodelle entwickelt,
- ‚Rund-um-sorglos-Anbieter', welcher unkomplizierten Lösungen aus einer Hand unter Nutzung des breiten Aufgabenportfolios des Stadtwerks mit geringer eigener Wertschöpfungstiefe zur Verfügung stellt und
- ‚Energiedienstleistungsunternehmen', welches sich weniger auf Assets wie Kraftwerke, sondern stärker auf Beratungsdienstleistungen (z. B. Verbrauchsberatung, Energieeffizienz) fokussiert,

möchten wettbewerbsorientiert stärker neue Geschäftsfelder erschließen. Die Rolle ‚Regionale Plattform' versucht einen Mittelweg zwischen Gemeinwohl- und Gewinnorientierung zu beschreiten, unter anderem indem sie Marktplatz für Produkte und Dienstleistungen verschiedener (i. d. R. regionaler) Akteure ist.

Strategieentwicklung

Rödl & Partner (2019b) regen an, strategische Schwerpunkte entlang der „5-D" zu setzen. Hierbei stehen die 5-D für *Dekarbonisierung*, *Dezentralisierung*, *Digitalisierung*, *Demografie* und *Diversifizierung*. Herausforderungen im Themenfeld Dekarbonisierung werden in der Abwägung kommunaler Klimaschutzziele gegenüber den Renditeanforderungen der Stadtwerke gesehen. Als wesentliche Digitalisierungsschwerpunkte werden, neben der Steuerung dezentraler Erzeugungsanlagen und den korrelierenden Netzinfrastrukturen, insbesondere der Comodity-Vertrieb genannt. Die Demografie wird in der Studie zum einen als Fachkräftemangel gesehen, zum anderen aber auch hinsichtlich des Zustroms in Ballungszentren, welche Infrastrukturertüchtigungen zur Folge hat. Rödl & Partner (2019b) halten fest, dass trotz *„der erheblichen Umbrüche der Energiewirtschaft in den vergangenen Jahren […] bislang kein neues Geschäftsmodell identifiziert werden [konnte], das alleine in der Lage ist, jegliche Ertragsrückgänge in den angestammten Versorgungssparten in größerem Umfang zu kompensieren*". Dieser Entwicklung müsse durch Effizienzsteigerungen in den klassischen Geschäftsbereichen und durch neue Ertragsquellen begegnet werden, d. h. Diversifizierung.

Der speziell auf Stadtwerke gemünzte Strategieentwicklungsprozess, welcher in Rödl & Partner (2019b) beschrieben ist, setzt sich aus drei Schritten zusammen:

1. Information der Stakeholder zur Vermittlung der Herausforderungen in der Energiewirtschaft
2. Analyse des Status quos mit Benchmarking, Prüfung der finanziellen Leistungsfähigkeit und des Unternehmensumfeldes
3. Aufzeigen strategischer Handlungsfelder über Ideenfindung, Konkretisierung potenzieller Geschäftsfelder und der Erfolgskontrolle der Umsetzung

Beier et al. (2020) sehen Stadtwerke als aktuell *„wichtigsten Akteur im Bereich der dezentralen Energieversorgung“* mit einer *„tragende[n] Rolle bei der Umsetzung der Energiewende“*, sehen aber Fragezeichen bei deren Leistungsfähigkeit im *„Spannungsfeld zwischen Gewinn- und Gemeinwohlorientierung“*. Sie kategorisieren Stadtwerke anhand der Mitarbeiterzahl, den Einwohnern im Versorgungsgebiet sowie dem Jahresumsatz. Deren Kooperationen werden klassifiziert in:

1. einfache Partnerschaften mit regionalen Stadtwerken als Kooperationspartner und geringer Intensität der Zusammenarbeit
2. komplexe Partnerschaften mit nationaler Orientierung und dynamischen Beziehungen oder wenigen involvierten Partnern innerhalb der Energiewirtschaft bei hoher Intensität der Zusammenarbeit
3. strategische Partnerschaften i. S. v. Beteiligungen an anderen Unternehmen mit häufig regionalem Bezug bei hoher Intensität der Zusammenarbeit
4. Netzwerk-Partnerschaften mit mehr als zehn Beteiligten in einer regionalen, bereichsübergreifenden Kooperation bei geringer Intensität der Zusammenarbeit

Die Autoren empfehlen Stadtwerken eine professionelle Auseinandersetzung mit dem Status quo und identifizieren als deren zentrale strategische Herausforderung die Weiter- respektive Wegentwicklung des Kerngeschäfts bestehend aus Strom-, Gas- und Wärmevertrieb hin zu neuen Geschäftsfeldern. Mögliche künftige Rollen werden analog zu Jenner et al. (2017) mit den Begriffen Koordinator regionaler Projekte, Umsetzer der Energiewende vor Ort, regionale Plattform, Infrastrukturanbieter, Rund-um-sorglos-Paket-Anbieter und Energiedienstleister umschrieben.

In Rödl & Partner (2022) schlagen die Autoren vor dem Hintergrund der Verwerfungen im Jahr der Veröffentlichung folgende Maßnahmen zu strukturellen Veränderungen vor:

1. Outsourcing von Leistungen
2. Gründung von regionalen Kooperationen
3. Beteiligung eines Partners
4. Zusammenarbeit mit Finanzinvestoren
5. Bürgerbeteiligungen

Outsourcing kann u. a. zur Anwendung kommen, wenn *„Defizite in der Organisation erkennbar sind“* (Rödl & Partner (2022)). Als Beispiele regionaler Kooperationen werden die Gründung gemeinsamer Netzgesellschaften oder Fusionen zwischen Stadtwerken genannt. Falls eine Kooperation auf Augenhöhe nicht möglich ist, sei die Beteiligung eines Partners zu prüfen. Hierbei könnten Modelle wie das in Abschn. 3.1.1 beschriebene Thüga-Modell in Frage kommen. Bürgerbeteiligungen werden vor allem als Kundenbindungsinstrument gesehen und beinhalten z. B. direkte Beteiligungen an PV-Parks oder Genossenschaftsmodelle.

EY & BDEW (2022) betonen die Notwendigkeit von Skaleneffekten und/durch Kooperationen und merkt die starke Abweichung von Eigen- und (objektiver) Fremdwahrnehmung bei finanzieller Stabilität und Leistungsfähigkeit innerhalb der Stadtwerke an. Die finanzielle Situation vieler Stadtwerke habe sich schleichend verschlechtert, bestehende Prozesse müssten aufgebrochen werden. Die Veröffentlichung betont die hohe lokale Vertrauensbasis und deren Rückkopplung auf sinnhafte Wertschöpfungstiefen. Eine Skizzierung strategischer Handlungsoptionen wird nicht versucht.

3.1.3 Zusammenfassung veröffentlichter Stadtwerke-Strategien

In Summe ergibt sich mit Blick auf Stadtwerke-Strategien in Eigenveröffentlichungen wie deren Geschäftsberichte oder in Studien ein stark heterogenes Bild: Auf der einen Seite sind klare Positionierungen zum Teil auch bei sehr kleinen Häusern erkennbar (vgl. Stadtwerke Tauberfranken, Abschn. 3.1.1), in anderen Fällen kann die von Rödl & Partner (2016) festgestellte subjektive Wahrnehmung strategischer Überlegungen als Aktivitäten von untergeordneter Wichtigkeit festgestellt werden.

Viele Studien haben Mühe, strategische Positionierungsoptionen herauszuarbeiten oder voneinander abzugrenzen – diese Herausforderungen lassen sich auch in der Unternehmenspraxis beobachten (vgl. N-ERGIE und Stadtwerke Kaiserslautern, Abschn. 3.1.1). Vor diesem Hintergrund wird im nächsten Abschnitt ein Konzept zur Klassifizierung grundlegender Positionierungsmöglichkeiten entwickelt.

3.2 Das Drei-Akteurs-Konzept

An dieser Stelle wird eine Methodik zur Kategorisierung strategischer Handlungsoptionen deutscher Stadtwerke eingeführt: Das sogenannte Drei-Akteurs-Konzept beinhaltet drei grundlegende organisatorischen Aufstellungen:

1. Eine generalistische Aufstellung,
2. die Einnahme einer koordinierenden Rolle sowie
3. den Weg der Spezialisierung.

Das Volumen der Geschäftstätigkeit, gemessen beispielsweise in jährlichen Umsatzerlösen, wird als Klassifizierungsmerkmal bewusst nicht angewandt – auch wenn einzelne Geschäftsfelder über ihre Wettbewerbsintensität ein gewissen Geschäftsvolumen zur Erreichung von Skaleneffekten erzwingen (Beispiel: Errichtung von offshore-Windparks), sind die organisatorischen Strukturen innerhalb des Drei-Akteurs-Konzeptes allenfalls indirekt hiervon betroffen – im Beispiel: Sowohl die spezialisiert aufgestellte RWE AG als auch die generalistisch aufgestellte EnBW AG sind im Geschäftsfeld der Errichtung von offshore-Windparks engagiert. Allerdings kann die (Fremd-)Finanzierung mehrerer wachsender, großen Geschäftsbereiche an (Verschuldungs-)Grenzen stoßen.

Analoge Aussagen greifen für mögliche Differenzierungen von Stadtwerke-Positionierungen über weitere Kenngrößen wie Mitarbeiter- oder Kundenzahlen. Bewusst werden Bezeichnungen mit möglichst geringem Interpretationsspielraum gewählt, welche sich in den Reinformen der Rollenausprägungen gegenseitig ausschließen und insgesamt erschöpfend sind.

Der Fokus des Drei-Akteurs-Konzeptes liegt auf dem Kern der Unternehmensstrategie: *Was tun wir? Was tun wir nicht? Wie stellen wir uns hierfür auf? Warum sind wir erfolgreich?*

Die strategischen Handlungsoptionen (generalistische Aufstellung, koordinierende Rolle & Spezialisierung) bedürfen insbesondere vier Erfolgsfaktoren:

1. Relative Kapitalstärke,
2. Managementfähigkeiten,
3. Personalverfügbarkeit und
4. lokale Verankerung.

Der **Erfolgsfaktor ‚relative Kapitalstärke‘** beschreibt die Fähigkeit der Organisation, für Vorhaben und Projekte Fremd- oder Eigenkapital aufbringen zu können. Eine hohe relative Kapitalstärke ist bei wirtschaftlich erfolgreichen Stadtwerken mit geringem Verschuldungsgrad, potenten und zuschusswilligen Eigentümern sowie exzellenten Kontakten zum Kapitalmarkt gegeben. Häusern mit einem höheren Verschuldungsgrad, klammen Kommunen als (Haupt-)Eigentümer, einer zögerlichen Hausbank als primärer Zugang zu Fremdkapital und sich seit geraumer Zeit verschlechternden wirtschaftlichen Zahlen haben eine niedrige relative Kapitalstärke. Die Relativität bezieht sich hierbei auf das angestrebte Geschäftsvolumen: Bei kleinen Volumina können – ein attraktiver und glaubhafter (Wachstums-)Pfad vorausgesetzt – auch verhältnismäßig finanzschwache Eigentümer und Hausbanken zur Finanzierung der geplanten Projekte bereit sein.

‚Managementfähigkeiten‘ umfassen die Führungskultur und die Summe der individuellen Stärken aller Führungskräfte innerhalb des Stadtwerkes: Resiliente, besonnene und unternehmerisch denkende Führungskräfte innerhalb einer Organisation, welche sich in Gänze auf den Unternehmenszweck ausgerichtet sieht, zeugen von hohen Managementfähigkeiten. Geringe Managementfähigkeiten können sich unter anderem widerspiegeln in

1. Silostrukturen, d. h. nicht kooperierenden Abteilungen/Bereiche innerhalb einer Unternehmung,
2. unklare/fehlende Kommunikation innerhalb des Unternehmens, infolgedessen z. B. Unklarheiten in der strategischen Ausrichtung,
3. eine hohe Mitarbeiterfluktuation und überdurchschnittliche Krankenstände,
4. eine hohe Anzahl von Arbeitsunfällen,
5. ein hoher Anteil von Schwund (Materialdiebstahl)

6. Überbelastung einzelner Kernmitarbeiter,
7. fehlenden Steuerungsgrößen für das operative Geschäft inklusive regelmäßig auftretender kommerzieller ‚Überraschungen' im Sinne von z. B. gescheiterten Projekten, Vertragsabschlüssen oder Produkteinführungen,
8. mangelhafte Kundenorientierung (sowohl gegenüber extern als auch gegenüber internen Kunden), z. B. gemessen in unbeantworteten Kundenanfragen,
9. schlecht ausgestattete Arbeitsplätze, z. B. ergonomisch suboptimale Montageplätze oder Großraumbüros mit hohem Lärmpegel, und
10. fehlerhafte Anreizstrukturen, beispielsweise umsatzabhängige Boni im Vertrieb.

Personalverfügbarkeit ist vor dem Hintergrund des demografischen Wandels und der Altersstruktur in der Energiewirtschaft (vgl. Abschn. 2.1) ein zentraler Erfolgsfaktor: Können für neue Geschäftsfelder/Aufgaben keine Mitarbeiter gewonnen werden, lassen sich Wachstumsambitionen nicht umsetzen. Gleichsam können Mitarbeiterwechsel oder Verrentungen im Kerngeschäft ein Risiko für den Geschäftsbetrieb darstellen.

Für die weitere Veranschaulichung des Erfolgsfaktors ‚Personalverfügbarkeit' wird eine Umfrage betrachtet, welche sich mit den aus Arbeitnehmersicht wichtigen Faktoren bei der Wahl des Arbeitgebers befasst (Abb. 3.4, vgl. Randstad (2021)): 68 % der Arbeitnehmer ist ein sicherer Arbeitsplatz bei der Wahl ihres Arbeitgebers wichtig, welcher im Corona-Jahr 2021 noch vor einer attraktiven Vergütung (67 %) liegt. Eine angenehme Arbeitsatmosphäre ist 63 % wichtig, gefolgt von der finanziellen Stabilität der Unternehmung und einer Work-Life-Balance. Recht abgeschlagen landen Diversität und Inklusion, ein starkes Management und die Nutzung neuester Technologien mit jeweils unter 40 %. Die Umfrage verdeutlicht, dass Stadtwerke mit ihren in der Regel langfristigen Geschäftsmodellen, hoher Arbeitsplatzsicherheit, häufig stabilen Unternehmensfinanzen, guter

Abb. 3.4 Umfrage zu ausschlaggebenden Faktoren bei der Arbeitgeberwahl 2021, Deutschland; 18–64 Jahre; ca. 4000 Befragte; Arbeitnehmer und Arbeitsuchende: *Welche Faktoren sind Ihnen bei der Arbeitgeberwahl wichtig?* (Vgl. Randstad (2021))

Work-Life-Balance und als Träger gesellschaftlicher Verantwortung nicht chancenlos im „*war for talents*" (vgl. Werding (2019)) sein müssen.

Lokale Verankerung stellt den vierten und letzten Erfolgsfaktor dar: Diese ist für Stadtwerke wichtig, um jenseits des wettbewerblichen Windes margenträchtige Geschäftsmodelle zu etablieren oder zu verteidigen. Beispielhaft sei als Maß für die lokale Verankerung der relative Kundenanteil bei Strom- und Gasverträgen im Interessensgebiet genannt; ggf. ergänzende Alternativen zur Quantifizierung dieses Erfolgsfaktors stellen Umfragen nach Bekanntheitsgrad oder Image des Unternehmens dar. Die Verankerung mit lokalen, politischen Entscheidungsträgern ist jenseits der vierten Säule auch für viele weitere Geschäftsfelder relevant: Können die Stadtwerke vereinfacht auf kommunale Liegenschaften für den Ausbau ihres Portfolios an erneuerbaren Energien zurückgreifen – Beispiel: Windkrafträder im kommunalen Forst – so stellt dies einen entscheidenden Wettbewerbsvorteil dar. Bei allzu großer Nähe können sich allerdings juristische, konkret beihilferechtliche, Fragen stellen (vgl. Mix (2022)).

Zwischen den organisatorischen Aufstellungen unterscheiden sich die Erfolgsfaktoren des Drei-Akteurs-Konzeptes in ihrer Gewichtung, was in Abb. 3.5 visualisiert und in den folgenden Abschnitten beschrieben ist: Die einzelnen Positionierungsoptionen werden in den Abschn. 3.2.1 (Generalist), 3.2.2 (Koordinator) und 3.2.3 (Spezialist) vorgestellt, diskutiert und in Abschn. 3.2.4 vergleichend bewertet. Abschn. 3.3 ordnet das Drei-Akteurs-Konzept im Kontext bisheriger Veröffentlichungen ein und beschließt das Kapitel.

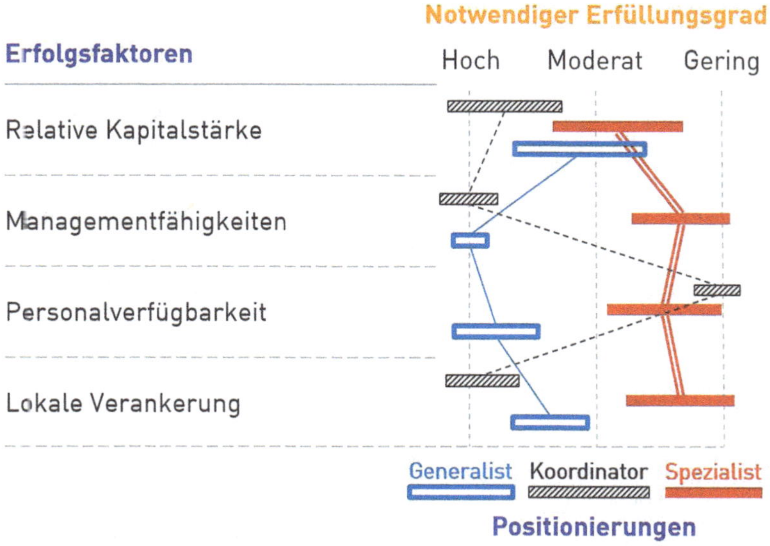

Abb. 3.5 Strategische Positionierungen (Generalist, Koordinator, Spezialist) und hierfür notwendige, gewichtete Erfolgsfaktoren (relative Kapitalstärke, Managementfähigkeiten, Personalverfügbarkeit und lokale Verankerung) im Überblick

3.2.1 Positionierung als Generalist

Ein generalistisch aufgestelltes Stadtwerk bietet eine breite Palette von Dienstleistungen, Produkten und Infrastrukturen mit tendenziell großer Wertschöpfungstiefe an. Allenfalls als nicht geschäftskritisch angesehene Teilleistungen werden von Dritten eingekauft. Dies stellt den Archetypus eines vollintegrierten Stadtwerkes dar, welcher in allen Bereichen des Vier-Säulen-Modells engagiert ist.

Kapitalstärke
Der Generalist muss über eine moderate bis hohe relative Kapitalstärke verfügen, um Finanzierungsbedarfe in seinen diversen Geschäftsfeldern stemmen zu können. Je breiter das Stadtwerk aufgestellt ist, desto höher ist dessen Bedarf an relativer Kapitalstärke, auch weil die Kommunikation der Finanzbedarfe aus den komplexen Geschäftsaktivitäten herausfordernd ist. Finanzierungsbedarfe sowie die benötigte Liquidität müssen über alle Aktivitäten hinweg mit großer Genauigkeit in Umfang und Zeitpunkt geplant werden. Dies setzt dem Generalisten gewisse absolute Grenzen im Gesamtumfang seiner Geschäftstätigkeit.

Management und Personal
Der Generalist benötigt sehr gut ausgebildete Managementfähigkeiten. Das Topmanagement muss über ein solides Verständnis der vielfältigen Geschäftsbereiche verfügen, deren Führung über zentrale und einheitliche Steuerungsgrößen schwerfallen kann. Durch die breite Aufstellung ruht der Geschäftserfolg maßgeblich auf den Schultern der einzelnen Geschäftsbereichsverantwortlichen, welche in hinreichender Qualität und Quantität gewonnen und gehalten werden müssen.

Auch jenseits der Führungsmannschaft muss in der Breite der Geschäftsaktivitäten zum Teil hoch spezialisiertes Personal redundant verfügbar sein. Redundanzen sind notwendig, um bei synchronen Krankheits- oder Urlaubswellen Handlungsfähigkeit sicherzustellen. Dies erzwingt eine Minimalgröße der Geschäftsaktivitäten, da z. B. ein einzelner Wassermeister für den sicheren Betrieb der Trinkwasserversorgung nicht ausreichend ist, gleichzeitig im Normalbetrieb mehrere Wassermeister auch entsprechend beschäftigt werden müssen.

Lokale Verankerung
Diese ist für den Generalisten wichtig, da spezialisiert aufgestellte Konkurrenten mit in der Regel schlankeren Prozessen in den einzelnen Geschäftsfeldern eine ernsthafte Konkurrenz darstellen können. Dieser Konkurrenz kann der Generalist, auch bei exzellenten Managementfähigkeiten, durch die Komplexität seiner Organisation nur durch regionale Verwurzelung auf Dauer standhalten. Diese Verwurzelung, reflektiert unter anderem in der Strahlkraft der Marke und dem Markenbekanntheitsgrad, unterstützt auch bei der Personalgewinnung.

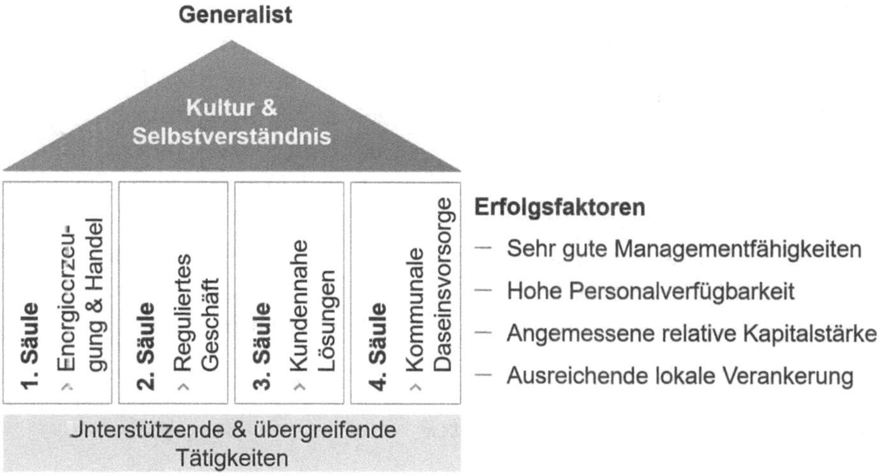

Abb. 3.6 Der Generalist im Vier-Säulen-Modell als breit aufgestelltes Stadtwerk mit gewichteten Erfolgsfaktoren

Abb. 3.6 fasst die generalistische Aufstellung zusammen: Der Generalist ist in allen Säulen mit individueller Schwerpunktsetzung aktiv. Hierfür sind insbesondere die Erfolgsfaktoren ‚Managementfähigkeiten' und ‚Personalverfügbarkeit' relevant.

Diversifizierung und Synergie

Die zentrale Frage des Generalisten lautet: *Wie viel Diversifikation ist sinnvoll, wie viel Spezialisierung ist nötig?* Diversifizierung stabilisiert das Unternehmensergebnis. Als Beispiel seien breit aufgestellte Stadtwerke genannt, welche im Jahr 2022 von den stark steigenden Strompreisen als Eigentümer von Erzeugungsanlagen profitierten, gleichzeitig als Weiterverkäufer des Stroms an Endkunden sich Marktverwerfungen gegenübersahen. Stadtwerke ohne solchen physisch-buchhalterischen Ausgleich waren von der Gesamtlage weit heftiger betroffen (vgl. Abschn. 2.4.1).

Dennoch muss gefragt werden, welche operativen Synergieeffekte zwischen den Geschäftsfeldern in der Realität bestehen: Inwieweit unterstützt beispielsweise die Tätigkeit eines Projektierers von Solarkraftanlagen den für die Sicherheit des Stromnetzes verantwortlichen Mitarbeiter in der Leitwarte? Möchte der Endkunde tatsächlich ein breites Produktbündel – Strom, Gas, Internet, Handwerkerleistungen, kulturelle Veranstaltungen – von ‚seinem' Stadtwerk?

Daneben sind weitere Fragen zu beantworten: Inwieweit sind solche *„Rundum-sorglos-Anbieter"* (vgl. Jenner et al. (2017)) regulatorisch zulässig, respektive wohin entwickelt sich die verbraucherschutzrechtliche (Stichwort: Bündelprodukte) und energiewirtschaftliche Rechtsgrundlage (Stichwort: Entflechtung)? Inwieweit kann eine hohe Wertschöpfungstiefe vor dem Hintergrund des Fachkräftemangels gewährleistet werden?

Zwischenfazit
Zusammengefasst bietet sich das Modell eines regional fokussierten, mit hoher Wertschöpfungstiefe breit aufgestellten Stadtwerks für Häuser mittlerer Größe an. Tendenziell müssen aber, zumindest in Teilbereichen, Kooperationen zur Sicherstellung der Personalverfügbarkeit, zur Gestaltung der Finanzierungsbedarfe oder dem Erwerb von Know-How eingegangen werden – es sei denn, einzelne Geschäftsfelder können im Bedarfsfall aufgegeben werden. Die Rolle des Generalisten spiegelt derzeit die Aufstellung vieler Stadtwerke wider, unter anderem die der in Abschn. 3.1.1 erwähnten Stadtwerke Tauberfranken, Stadtwerke Kaiserslautern, N-ERGIE und EnBW, wobei die beiden letztgenannten vom Umfang ihrer Geschäftsaktivitäten als Energiekonzerne bezeichnet werden können.

3.2.2 Positionierung als Koordinator

Ein in der Rolle als Koordinator aufgestelltes Stadtwerk verfügt im Vergleich zum Generalisten über eine deutlich geringere Wertschöpfungstiefe. Leistungen werden größtenteils, in Teilen über in Verbundstrukturen organisierte Minderheitsbeteiligungen oder als ‚*white-label*', zugekauft. Das Stadtwerk selbst besteht aus einer überschaubaren Rumpfmannschaft und integriert ein in der Tendenz im Vergleich zum Generalisten fokussiertes Produktportfolio zu einem Markenversprechen.

Die relative Kapitalstärke des Koordinators ist dabei hoch, da Produkte und Dienstleistungen eher veredelt als selbst erbracht werden. Beispielhaft sei die Kombination und der Endkunden-Vertrieb eines Bündelproduktes bestehend aus Stromlieferung, Mobilitätsangeboten und Internetverträgen genannt – alle Leistungen, inklusive des Vertriebs selbst, werden in der Vollausprägung der (rein) koordinierenden Rolle extern eingekauft und vom Koordinator nur gesteuert. Die Kapitalstärke, d. h. die Übernahme geschäftlichen Risikos, ist hierbei neben der Strahlkraft seiner Marke das zentrale Mehrwertversprechen des Stadtwerks an seine Lieferanten und Partner. Die Risikoexposition kann durch entsprechende Vertragsgestaltung mitigiert werden (im Beispiel: Die Bezahlung an Mobilitätsanbieter erfolgt erst nach Nutzung durch den Endkunden, ohne Fixkostenbasis für den Koordinator). Allerdings vermindert dies die Attraktivität einer Kooperation aus Sicht der Lieferanten und wird möglicherweise nicht akzeptiert (im Beispiel: zeitlich versetzte Verrechnung von Stromlieferungen stellen für den Lieferanten ein erhebliches Liquiditäts- und Geschäftsrisiko dar).

Management und Personal
Die Managementfähigkeiten einer solchen, schlank aufgestellten Organisation müssen sehr hoch ausgebildet sein: Es fehlt der Puffer durch eigene Wertschöpfung, der Ausfall eines Lieferanten kann folglich in keiner Weise mit internen Ressourcen ausgeglichen werden. Im Fall einer Ressourcenknappheit am Markt mit entsprechender Verhandlungsmacht auf Seiten der Lieferanten stellt dies einen großen strategischen Nachteil dar. Im

Fall von Überkapazitäten im Markt resultiert dies in einer starken Verhandlungsposition des Koordinators, welcher so ggf. besonders günstige Konditionen erhalten kann.

Durch die schlanke Organisation ist der Bedarf an Personal gering, gleichzeitig sind die Anforderungen an die Qualität der wenigen Mitarbeiter sowie die Bedarfe an externem Personal besonders hoch. Die lokale Verankerung eines Stadtwerks in der Rolle des Koordinators ist, neben der Übernahme von Geschäftsrisiken, zentral für den Erfolg dieses Modells – ohne Markenstrahlkraft und -bekanntheit, welche bei Stadtwerken üblicherweise regional eingegrenzt ist, kann diese Rolle kaum erfolgversprechend ausgefüllt werden. Aus dieser Logik folgt ein regionaler Fokus der Geschäftstätigkeiten eines Koordinators.

Abb. 3.7 fasst die koordinierende Aufstellung zusammen: Der Koordinator ist in ausgewählten Säulen aktiv, in dem er Leistungen Dritter zu einem Mehrwertversprechen bündelt. Hierfür sind insbesondere die Erfolgsfaktoren ‚Managementfähigkeiten' und ‚relative Kapitalstärke' relevant.

Synergie und lokale Verankerung
Der Koordinator kann damit entweder ein kleineres Stadtwerk sein, welches in engen lokalen Grenzen eine moderat-breite Palette an Produkten und Dienstleistungen veredelt, oder ein größeres Haus, welches lokal bis regional einen fokussierten Markt bedient. Ein Beispiel für kleine Stadtwerke in tendenziell koordinierender Rolle sind die Stadtwerke Backnang, deren Stromnetz von der Syna GmbH operativ geführt wird (vgl. Syna (2023)). Beispiele für spezialisierte Koordinatoren sind Wasserzweckverbände, welche die Betriebsführung externalisiert haben und folglich eher Asset-Gesellschaften ohne (jenseits der Geschäftsführung) operativ tätiges Personal darstellen (z. B. Abwasserzweckverband Südspessart, vgl. Wertheim (2014), oder die Mudauer Trinkwasserversorgung mit Betriebsführung durch ein Stadtwerk, vgl. Stadtwerke Buchen (2023)).

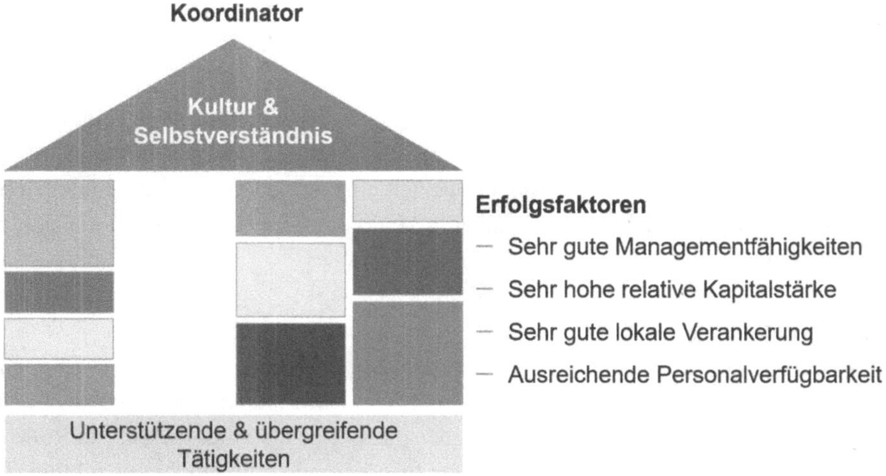

Abb. 3.7 Der Koordinator im Vier-Säulen-Modell als Bündler externer Dienstleistungen zu einem Mehrwertversprechen mit hierfür notwendigen Erfolgsfaktoren

Möglicherweise werden künftig aufgrund der Entwicklungen in der Energiewirtschaft viele Häuser in eine stärker koordinierende Rolle gezwungen – insbesondere, wenn Geschäftsfelder aufgegeben werden müssen, z. B. durch Marktverwerfungen (vgl. Abschn. 2.4.1), Fachkräftemangel oder eingeschränkte Finanzierungsmöglichkeiten (vgl. Abschn. 2.1). Die Transition aus einer generalistischen Rolle hin zu einer koordinierenden Funktion kann insbesondere durch die hierzu nötigen Modifikationen des Selbstverständnisses, aber auch des Personalkörpers, schmerzlich sein.

3.2.3 Positionierung als Spezialist

Ein spezialisiert aufgestelltes Stadtwerk betreibt fokussiert mit mittlerer bis großer Wertschöpfungstiefe klar umrissene Geschäftsfelder. Eine spezialisierte Aufstellung geht mit vielfältigen Vorteilen einher: Spezialisten können ihre Lösungen ggf. besser auf Kundennutzen optimieren sowie ihre Geschäftsprozesse schlanker und damit produktiver gestalten (Beispiel: Weniger selten genutzte Prozessabläufe in der Abrechnungs-IT führen zu geringeren Wartungsaufwendungen). Darüber hinaus können Spezialisten ihr Geschäftsmodell leichter gegenüber Mitarbeitern, Investoren sowie Kunden kommunizieren. Durch die fokussierte Aufstellung ist die relative Kapitalstärke des Spezialisten tendenziell geringer als die der beiden anderen Rollen. Wird als Spezialisierung allerdings ein sehr kapitalintensiver Markt gewählt (Beispiel: Offshore-Windparks mit hohen Investitionsbedarfen), kann auch eine moderate relative Kapitalstärke notwendig sein.

Management und Personal
Durch die Fokussierung sind die Anforderungen an die Managementfähigkeiten in der Tendenz geringer: Das klar umrissene Geschäftsfeld verhindert Ablenkungen, zudem sinken die Risiken, aufziehende Marktänderungen zu übersehen. Die Geschäftsaktivitäten können gut über einheitliche Kennzahlen gesteuert werden. Durch die Spezialisierung ist eine kontinuierliche Verbesserung der Unternehmenssteuerung einfacher abbildbar.

Die benötigte Personalverfügbarkeit des Spezialisten ist aufgrund dessen eigener Wertschöpfung höher als die des Koordinators, liegt aber unter den Bedarfen des Generalisten. Dabei hilft die Spezialisierung, Mitarbeiter gezielt einzulernen, ans Unternehmen zu binden und – in einem tendenziell überschaubaren Markt – ortsfremde Bewerber auf sich aufmerksam zu machen.

Lokale Verankerung
In der Regel ist der lokale Markt zu klein, um dem Spezialisten ein dauerhaftes Geschäftsfeld zu geben (Beispiel: Expansion der offshore-Windpark-Aktivitäten in andere Länder, vgl. RWE (2022)). Je nach Spezialisierung, beispielsweise als Stadtwerk in der Rolle des Bauhofes oder als Touristikanbieter, kann eine lokale Verankerung nicht unwichtig sein.

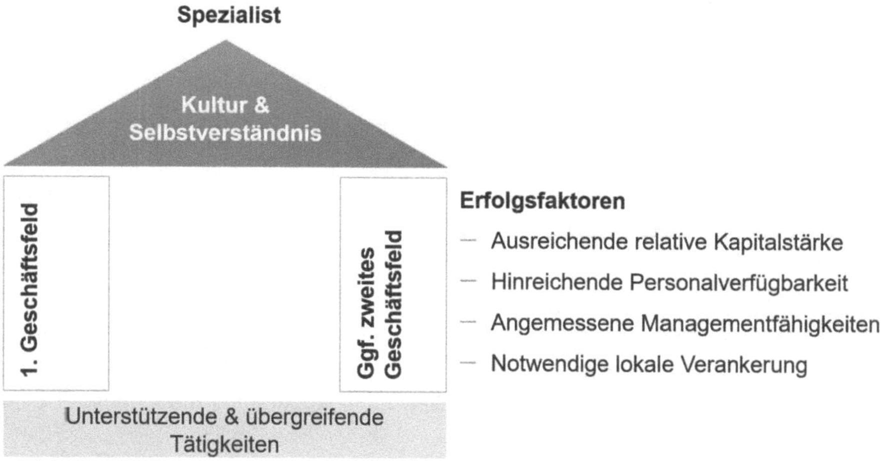

Abb. 3.8 Der Spezialist im Vier-Säulen-Modell mit klarem Fokus auf wenige Aktivitäten

Abb. 3.8 fasst die spezialisierte Aufstellung zusammen: Der Spezialist ist in wenigen, ausgewählten Geschäftsfeldern mit in der Tendenz großer Wertschöpfungstiefe aktiv. Sein Geschäft ist im Vergleich zum Generalisten oder Koordinator einfacher zu führen. Je nach gewähltem Geschäftsfokus können insbesondere eine relative Kapitalstärke und spezialisiertes Personal kritische Erfolgsfaktoren darstellen.

Diversifizierung
Der Vorteil des Generalisten ist Risikodiversifizierung – diese fehlt dem Spezialisten völlig. In Abschn. 2.4.1 wurden Stadtwerke thematisiert, welche ihre vertrieblichen Aktivitäten des Strom- und Gasvertriebes weit über ihre angestammte Region hinaus angeboten haben und sich dahingehend spezialisiert hatten. Die so eingegangenen Geschäftsrisiken haben sich im Jahr 2022 teilweise manifestiert. Bereits vor diesem Jahr kam es zu vielen Insolvenzen von auf den Commodity-Vertrieb spezialisierten Häusern (z. B. 2002 die Deutsche Strom AG, vgl. energate messenger (2002), 2017 Care-Energy, vgl. taz (2017), 2019 BEV, vgl. Witsch (2019)). Auch wenn die Herausforderungen in diesem Teilmarkt der Energiewirtschaft speziell sein mögen, verdeutlichen diese Insolvenzen das Risiko einer fehlenden Diversifizierung.

Die Wahl der Spezialisten-Rolle bietet sich Stadtwerken insbesondere dann an, wenn einzelne, ausreichend große und entwickelbare Geschäftsbereiche über komparative Wettbewerbsvorteile verfügen. In diesem Fall sollte eine Fokussierung, z. B. über Ausgründungen oder Unternehmensteilungen, in strategische Überlegungen einbezogen werden. Diese sollten jedoch ebenso eine ausreichende Streuung der Geschäftsrisiken berücksichtigen.

3.2.4 Bewertung der Positionierungsmöglichkeiten

In diesem Abschnitt wird vertieft betrachtet, vor welcher individuellen Ausgangslage eine strategische Positionierungsentscheidung des betrachteten Stadtwerkes innerhalb des Drei-Akteurs-Konzeptes sinnhaft erscheint.

Die Ausgangslage vieler Stadtwerke ist die Generalisten-Rolle. Deren zentraler Vorteil ist die Risikodiversifizierung, welche Stadtwerke-individuell kritisch zu prüfen ist: Sind die einzelnen Geschäftsfelder so stark, dass sie sich gegenseitig stützen können? Sind Risiken innerhalb der Geschäftsfelder korreliert? Beispielsweise könnte eine fehlende Personalverfügbarkeit mehrere Geschäftsbereiche berühren oder Knappheiten im Leitungstiefbau sowohl den Stromnetzausbau wie auch das Breitbandgeschäft einschränken. In diesen Lagen greift die Risikostreuung einer generalistischen Aufstellung möglicherweise unzureichend.

Wie in Abschn. 2.6 dargelegt, stellt die regionale Verwurzelung den zentralen Baustein im Selbstverständnis vieler Stadtwerke dar. Inwieweit diese eigenwahrgenommene Verwurzelung sich in kommerziellen Erfolg übersetzen lässt, ist zu hinterfragen: Kommunale Aufträge müssen rechtlich korrekt vergeben werden (vgl. Abschn. 2.3.1, Stromkonzessionsvergabe der Stadt Nagold); das öffentliche Vergaberecht, gesetzliche Transparenzanforderungen und eine ggf. steigende Neigung der Marktakteure zu gerichtlichen Anfechtungen setzen dem Erfolgsfaktor der Regionalität Grenzen. Dies berührt einen zentralen Erfolgsfaktor des Generalisten, aber auch des Koordinators.

Grundsätzlich muss sich der Generalist fragen, welche Tätigkeiten er wettbewerbsfähig erbringen kann. Je nach organisatorischer Reife und Professionalität des betrachteten Stadtwerks kann eine weitgehende Externalisierung von Leistungen die beste Wahl sein. Damit entwickelt sich das Haus aber schrittweise in die Rolle des Koordinators mit seinen hohen Anforderungen an das Management. Diese benötigten Managementfähigkeiten in der Rolle des Koordinators müssen mit einer Vergütungsstruktur einhergehen, welche im kommunal-geprägten Stadtwerke-Umfeld und in mit Stadträten besetzen Aufsichtsräten Diskussionen verursachen könnte.

Wie der Generalist muss sich auch der Koordinator kontinuierlich fragen, welche Leistungen er intern erbringen soll. Ein drastisches Beispiel für eine Strategieanpassung weg von einer schlanken Aufstellung hin zu einer stärker generalistischen Positionierung sind die Stuttgarter Stadtwerke, welche sich von (Stand 2022) ca. 100 Mitarbeitern auf 450 Mitarbeiter bis 2026 vergrößern möchten (vgl. Schunder et al. (2022)). Ähnliche Internalisierungen bisher extern vergebener Leistungen sind auch bei weiteren Häusern der Energiewirtschaft zu beobachten, beispielhaft sei der Transportstromnetzbetreiber TransnetBW GmbH genannt, welcher zwischen 2011 und 2022 die Mitarbeiteranzahl um den Faktor 6,5 erhöht hat (vgl. Abb. 3.9).

Für eine spezialistische Ausprägung der Stadtwerke-Positionierung müssen politische Hürden berücksichtigt werden: Kann, respektive darf, das Stadtwerk Geschäftsfelder aufgeben? Das Jahr 2022 hat diese Frage klar bejahrt. Wie sich diese Entscheidungen langfristig auswirken werden, bleibt abzuwarten.

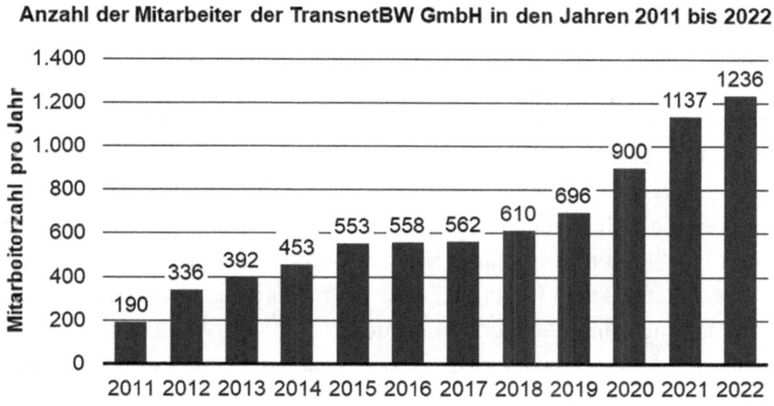

Abb. 3.9 Anzahl der Mitarbeiter der TransnetBW GmbH. (Vgl. Bundesanzeiger (2022) sowie TransnetBW (2023))

Daneben berührt eine (vollständige) Spezialisierung auf ein oder wenige Geschäftsfelder das Selbstverständnis vieler Stadtwerke und deren Eigentümer. Vor diesem Hintergrund erscheint es ratsam, eine angestrebte Spezialisierung in Form einer wirtschaftlich selbstständigen Ausgründung auszugestalten, welche unabhängig vom Haupthaus agieren kann. Ein Beispiel für eine sich ggf. in zunehmender Ausprägung befindlichen Spezialisierungsstrategie könnten die Wärmewende-Bemühungen der N-ERGIE (vgl. N-ERGIE (2022)) darstellen, welche aber noch viele weitere Geschäftsbereiche bespielt. Die Konzerne der deutschen Energiewirtschaft (z. B. E.ON, RWE) haben sich mit Ausnahme der EnBW AG alle in einer eingeschränkten Zahl von Geschäftsfeldern spezialisiert (vgl. Abschn. 3.1.1). Dies kann als Beleg gewertet werden, dass Spezialisierungsstrategien gewisse Mindestunternehmensgrößen erzwingen.

3.3 Vergleichende Einordnung des Drei-Akteurs-Konzeptes

Das vorgestellte Drei-Akteurs-Konzept ergänzt die in Abschn. 3.1.2 zusammengefassten Veröffentlichungen um eine Betrachtung, welche den Kern der Geschäftstätigkeit als grundlegendes Kategorisierungselement für Stadtwerke versteht. Mit dem Drei-Akteurs-Konzept können auf das betrachtete Standwerk einwirkende Fragestellungen, z. B. die von Rödl & Partner (2019b) formulierten „5-D“ Dekarbonisierung, Dezentralisierung, Digitalisierung, Demografie und Diversifizierung, in eine strategische Antwort überführt werden.

Aus der Wahl einer der drei anzustrebenden oder bereits gelebten Rollen resultiert eine Vielzahl von Schlussfolgerungen: Diese reichen von den zulässigen Eigenständigkeiten einzelner Unternehmensteile (z. B. möglichst gering im Falle eines Spezialisten, aber relativ unabhängig in einer generalistischen Aufstellung um die Geschäftsführung zu entlasten) über die Qualitätsanforderungen einzelner Bereiche (z. B. sehr hohe Anforderungen an den Einkauf des Koordinators im Sinne eines aktiven Partner- und

Lieferantenmanagements) bis hin zu sinnhaften Gehaltsstrukturen und Personalbedarfen (vgl. Diskussion in Abschn. 3.2.4 – der Spezialist benötigt spezialisiertes Fachpersonal, welches ggf. im überregionalen Wettbewerb gewonnen und gehalten werden muss. Das Fachpersonal eines Generalisten könnte in der Tendenz ortsgebundener sein).

Ferner wird die Haltung zu sowie die Notwendigkeit von Kooperationen durch die gewählte Rolle geklärt: Für den Generalisten sind Kooperationen eine opportunistische Möglichkeit, beispielsweise zur Arrondierung seines Portfolios oder zur Optimierung seiner Kernprozesse. Für den Koordinator sind sie Unternehmenskern. Für den Spezialisten stellen sie einen strategischen Hebel dar, z. B. zur Erschließung neuer Ländermärkte oder für die Ausgestaltung seiner Wertschöpfungstiefe.

Eine Tarierung des von Jenner et al. (2017) und Beier et al. (2020) angesprochenen Spannungsfeldes zwischen Gewinn- und Gemeinwohlorientierung der Stadtwerke wird in der Logik des Drei-Akteurs-Modell durch eine transparente Kommunikation der Aufwände für kommerzielle und nicht-kommerzielle Aktivitäten erreicht. Hierdurch werden Kostenstrukturen sichtbar und Entscheidungen über die Angemessenheit von quasikommunalen Aufwänden wie beispielsweise Eishallen-Sanierungen (vgl. Abschn. 2.5.2) werden in den politischen Rahm zurückgespielt.

Nachhaltigkeit in Stadtwerken

Wie dargestellt spielen Stadtwerke eine wichtige Rolle bei der Förderung und Umsetzung nachhaltiger Projekte: So investieren die Häuser beispielsweise in erneuerbare Energien (vgl. Abschn. 2.2.2), bauen und betreiben die für die Energiewende notwendigen Stromnetze (vgl. Abschn. 2.3.1), setzen Energieeffizienzmaßnahmen um oder beraten entsprechend (vgl. Abschn. 2.4.2) und gestalten die Dekarbonisierung des Verkehrssektors (vgl. Abschn. 2.4.4 und 2.5.1).

Neben dieser ökologischen Dimension des Nachhaltigkeitsbegriffs engagieren sich Stadtwerke auch im Bereich sozialer Nachhaltigkeit: Hierunter können unter anderem der (soziale) Wohnungsbau (vgl. Abschn. 2.4.5), die Koordination des öffentlichen Personennahverkehrs (vgl. Abschn. 2.5.1), der Betrieb von Freizeiteinrichtungen (vgl. Abschn. 2.5.2) sowie die in Abschn. 2.5.3 zusammengefassten, weiteren kommunalen Aufgaben subsummiert werden.

Nachhaltigkeit ist zudem ein wichtiger Faktor in der Unternehmensstrategie und dem Selbstverständnis vieler Stadtwerke (vgl. Abschn. 2.6). Insbesondere der Kern der Stadtwerkeaktivitäten – der Betrieb langlebiger, kritischer Infrastrukturen, deren Ausfall negative Auswirkungen auf viele Menschen hätte – ist inhärent mit diesem Begriff verwoben.

Die beiden in dieser Arbeit eingeführten Betrachtungen – das Vier-Säulen-Modell und das Drei-Akteurs-Konzept – stellen folglich ein Gerüst für darauf aufbauende Nachhaltigkeitsüberlegungen dar: So kann z. B. der Koordinator über mit diesem Fokus ausgewählte Partnerorganisationen einen klaren Schwerpunkt auf Nachhaltigkeitsanstrengungen wählen. Gleichzeitig könnte der Spezialist sich auf klimaschädliche Geschäftsfelder konzentrieren – der Steag-Konzern kann hierfür als Beispiel dienen (vgl. Schütze (2022)). Bei einer generalistischen Aufstellung könnte die Breite der Aktivitäten eine klare Nachhaltigkeitspositionierung erschweren und die Kommunikation solcher Bemühungen herausfordern.

Die Rollen Generalist, Koordinator und Spezialist sind hierbei generische Positionierungen, welche nicht nur in Reinform auftreten müssen und auch innerhalb eines Stadtwerks für einzelne Aktivitäten verschieden gewählt werden können. Als Beispiel sei ein Stadtwerk skizziert, welches im öffentlichen Nahverkehr eine koordinierende Rolle einnimmt und Buslinien von Partnerfirmen operativ betreiben lässt, einer hoch-spezialisierten und weitgehend unabhängig agierenden Breitbandsparte die notwendigen Gestaltungsspielräume lässt und in seinen weiteren Geschäftsfeldern generalistisch aufgestellt ist.

4 Zusammenfassung

In dieser Ausarbeitung wurde zur Analyse der archetypischen Struktur deutscher Stadtwerke ein Vier-Säulen-Modell eingeführt, welches aus den Säulen (1) Erzeugung und Handel, (2) reguliertes (Netz-)Geschäft, (3) kundennahe Lösungen und (4) übertragenen Aufgaben der kommunalen Daseinsvorsorge besteht, auf einem Fundament übergreifender Tätigkeiten ruht sowie als Dach die Strategie und das Selbstverständnis des jeweiligen Stadtwerkes trägt. Anhand dieses Modells wurden Geschäftsfelder gegliedert, beschrieben und deren Herausforderungen benannt. Festzuhalten bleibt, dass aufgrund der Umwälzungen in den Jahren 2022 und 2023 grundlegende Gewissheiten innerhalb der Stadtwerke-Landschaft überdacht werden mussten und bestehende (Quer-)Finanzierungsmodelle möglicherweise dauerhaft nicht mehr umsetzbar sein könnten.

Aufbauend auf dem Vier-Säulen-Modell wurden strategische Positionierungsmöglichkeiten anhand von Geschäftsberichten ausgewählter Häuser untersucht. Hierbei wurden Lücken in der transparenten Benennung strategischer Handlungsoptionen festgestellt, welche mit einem eigens entwickelten Ansatz – dem Drei-Akteurs-Konzept – geschlossen wurden.

Das Drei-Akteurs-Konzept wurde zur Kategorisierung möglicher strategischer Positionierungen eingeführt und mit Veröffentlichungen aus Wissenschaft und Praxis verglichen. Die drei Akteure des Konzepts sind die generischen Rollen Generalist, Koordinator und Spezialist. Diese kombinieren die Eigenheiten ihres Wesenskerns und eine differenzierte Gewichtung der Erfolgsfaktoren relative Finanzstärke, Managementfähigkeiten, Personalverfügbarkeit und lokale Verankerung zu ihren Geschäftserfolg.

Diese Gewichtung sowie die Attraktivität einzelner Rollen vor dem Hintergrund individueller Ausgangslagen verschiedener Stadtwerke wurden, neben deren Auswirkungen auf Nachhaltigkeitsbemühungen, diskutiert. Die Betrachtungen können in folgende Kernaussagen zusammengefasst werden:

P. Kuhn, *Struktur und strategische Handlungsoptionen deutscher Stadtwerke*,
https://doi.org/10.1007/978-3-658-42301-8_4

1. Für kleinere Stadtwerke bietet sich die Rolle als Generalist an, welcher in vielen Geschäftsfelder mit überschaubarem Volumen aktiv ist und stark den Erfolgsfaktor der regionalen Verankerung einsetzt.
2. Die Rolle des Koordinators mit geringer eigener Wertschöpfungstiefe muss vor dem Hintergrund des demografischen Wandels und den Auswirkungen des Fachkräftemangel kritisch hinterfragt werden – wie sicher können benötigte, externe Ressourcen in Projekte erfolgversprechend eingebunden werden?
3. Falls einzelne, ausreichend große und entwickelbare Geschäftsbereiche über komparative Wettbewerbsvorteile verfügen, sollte eine entsprechende Spezialisierung – beispielsweise über Ausgründungen oder Unternehmensteilungen – in Betracht gezogen werden.

Die Kerngeschäftsfelder deutscher Stadtwerke – insbesondere die Bereitstellung elektrischer Energie, die Verantwortung für kritische Infrastrukturen sowie der Vertrieb von Energieträgern – werden auf Dauer einen Markt von beachtlicher Größe darstellen. Dieser Markt ist zu gewissen Teilen regulatorisch oder durch Kundengewohnheiten nicht vollständig wettbewerblich geprägt, entwickelt sich zurzeit allerdings mit einer gewissen Dynamik weiter. Solche Entwicklungen sind von Seiten der Stadtwerke zu begleiten und zu reflektieren.

Aufgrund der Struktur und der Historie vieler Häuser scheint ein einfaches „*Weiter-so*" im Sinne einer graduellen, zum Teil opportunistischen strategischen Entwicklung der Stadtwerke, eine nicht unübliche und verständliche Haltung vieler Verantwortlicher zu sein. Vor dem Hintergrund der sozialen und ökologischen Verantwortung, welche Stadtwerke tragen, kann eine solche passiv-vorsichtige, schrittweise Positionierung durchaus angemessen sein.

Eine Entscheidung bezüglich der eigenen strategischen Positionierung sollte aber bewusst und rückgekoppelt mit allen Stakeholdern, nicht zuletzt Aufsichtsgremien, Mitarbeitern, Lieferanten und Kunden, getroffen werden. Diese Arbeit stellt hierfür strukturierte Informationen mit dem Ziel einer orientierenden Hilfestellung zur Verfügung.

Abschließend sei die Wichtigkeit der operativen Umsetzung strategischer Überlegungen betont. Diese bedingen innerhalb der Stadtwerke-Landschaft häufig umfangreiche Digitalisierungsanstrengungen und eine kulturelle Weiterentwicklung, ohne die auch die durchdachtesten Strategien nicht umgesetzt werden können – oder wie Sir Winston Leonard Spencer-Churchill zusammenfasste:

> „However beautiful the strategy, you should occasionally look at the results."

Erratum zu: Motivation und Zielsetzung

Erratum zu:
Kapitel 1 in: P. Kuhn, *Struktur und strategische Handlungsoptionen deutscher Stadtwerke*,
https://doi.org/10.1007/978-3-658-42301-8_1

Der Titel des Kapitels 1 wurde von „Head of Strategy & Business Development" zu „Motivation und Zielsetzung" geändert.

Die aktualisierte Version des Kapitels finden Sie unter
https://doi.org/10.1007/978-3-658-42301-8_1

P. Kuhn, *Struktur und strategische Handlungsoptionen deutscher Stadtwerke*,
https://doi.org/10.1007/978-3-658-42301-8_5

Literatur

Agentur für Erneuerbare Energie, Webseite, 2023, „EIGENTÜMERSTRUKTUR DER ERNEUERBAREN ENERGIEN“, online verfügbar: Grafiken – Agentur für Erneuerbare Energien (unendlich-viel-energie.de), aufgerufen am 10.1.2023

Alte-Teigeler, J., Veröffentlichung, 2020, „Digitaler Vertrieb für Energiedienstleistungen“, In Realisierung Utility 4.0 Band 2 (pp. 519–528). Springer Vieweg, Wiesbaden, Link: https://link.springer.com/chapter/10.1007/978-3-658-25589-3_37

Altmayer, C., SWR, 27.12.2022, „Pumpspeicherwerk Vianden speichert Windenergie aus Region Trier“, online verfügbar: Pumpspeicherwerk Vianden speichert Windenergie aus Region Trier - SWR Aktuell, aufgerufen am 26.1.2023

Anger, H., et al., Handelsblatt, 26.5.2022, „Baustellen ohne Bauarbeiter? Personalmangel bringt Wohnungsbau- und Klimaziele in Gefahr“, online verfügbar: Baubranche: Personalmangel gefährdet Wohnungsbau- und Klimaziele (handelsblatt.com), aufgerufen am 26.1.2023

Auckenthaler, A., et al., Veröffentlichung, 2003, „Pathogene Mikroorganismen im Grund- und Trinkwasser“, Birkhäuser, Basel, Link: https://link.springer.com/book/10.1007/978-3-0348-8009-1

Babalola, O. E., Veröffentlichung, 2016, “Regulating EV demand: Distribution network operator perspective on electric vehicles”, 6th Hybrid and Electric Vehicles Conference (HEVC 2016), online verfügbar: IET Digital Library: Regulating EV Demand: Distribution Network Operator Perspective on Electric Vehicles (theiet.org), aufgerufen am 16.1.2023

Bach, H., Veröffentlichung, 2019, „Die Abwasserreinigung“, In Die Abwasserreinigung. Oldenbourg Wissenschaftsverlag, Link: https://doi.org/10.1515/9783486768947

Baier, J., et al., Veröffentlichung BCG, 1.2.2011, „Energiewirtschaft 2.0: Perspektiven für regionale Energieversorger“, online verfügbar: Energiewirtschaft 2.0: Perspektiven für regionale Energieversorger (bcg.com), aufgerufen am 19.1.2023

Ballestrem, S., Dissertation, 2019, „Bereitschaftsdienste für Informations- und Kommunikationstechnik in Stadtwerken von heute – Kritische Betrachtung der Notwendigkeit und der Verfügbarkeit“, Diss. Hochschule für angewandte Wissenschaften Hamburg, online verfügbar: REPOSIT | Bereitschaftsdienste für Informations- und Kommunikationstechnik in Stadtwerken von heute – Kritische Betrachtung der Notwendigkeit und der Verfügbarkeit (haw-hamburg.de), aufgerufen am 10.1.2023

Bargmann, L., Chili – das Freiburger Stadtmagazin, 26.12.2019, „Frust am Rotorblatt: Badenova kehrt regionalen Windkraftprojekten den Rücken“, online verfügbar: Frust am Rotorblatt: Badenova kehrt regionalen Windkraftprojekten den Rücken | chilli:freiburg:stadtmagazin (chilli-freiburg.de), aufgerufen am 10.1.2023

P. Kuhn, *Struktur und strategische Handlungsoptionen deutscher Stadtwerke*, https://doi.org/10.1007/978-3-658-42301-8

Bartsch, M., Der Spiegel, 14.12.2014, „Dorade à la Saar", online verfügbar: Dorade à la Saar - DER SPIEGEL, aufgerufen am 10.1.2023

BDEW, Verbandswebseite, 12.4.2021, „Zahl der Woche/129 Liter …", online verfügbar: Zahl der Woche/129 Liter …|BDEW, aufgerufen am 10.1.2023

BDEW, Verbandswebseite, Juni 2020, „Energiemarkt Deutschland 2020", online verfügbar: BDEW_Energiemarkt_Deutschland_2020.pdf, aufgerufen am 10.1.2023

Beier, C., et al., Abschlussbericht, 25.9.2020, „Transformation von Stadtwerken als wichtige Säule der Energiewende", Abschlussbericht des Forschungsvorhabens TrafoW, online verfügbar: Transformation von Stadtwerken als wichtige Säule der Energiewende (Abschlussbericht TrafoSW) (fraunhofer.de), aufgerufen am 23.1.2023

Beutler, A., Die Zeit, 23.10.2022, „Stadtwerke in der Energiekrise", online verfügbar: Stadtwerke in der Energiekrise: „Das Theater um die Gasumlage hat uns über zehntausend Euro gekostet" | ZEIT ONLINE, aufgerufen am 10.1.2023

Bickenbach, D., manager-wiki, 2023, „Die Unternehmensstrategie der Stadtwerke Emden", online verfügbar: Die Unternehmensstrategie der Stadtwerke Emden (manager-wiki.com), aufgerufen am 23.1.2023

Bonaldo, C., et al., Veröffentlichung, 2022, "The relationship between day-ahead and future prices in electricity markets: An empirical analysis on Italy, France, Germany, and Switzerland", Energy Economics, 110. Jg., S. 105977, Link: https://www.sciencedirect.com/science/article/pii/S0140988322001529

Bundesamt für Wirtschaft und Ausfuhrkontrolle, behördliche Webseite, 2023, „Energiedienstleistungen", online verfügbar: BfEE - Allgemeine Marktkennzahlen (bfee-online.de), aufgerufen am 10.1.2023

Bundesanzeiger, behördliche Webseite, 5. November, 2022, „Geschäftsbericht der TransnetBW GmbH", aufgerufen über Statista, online verfügbar: https://de.statista.com/statistik/daten/studie/1279912/umfrage/mitarbeiterzahl-von-transnetbw/, aufgerufen am 19.1.2023

Bundesnetzagentur/Bundeskartellamt, behördliche Webseite, 15.3.2022, „Monitoringbericht 2021", online verfügbar: Monitoringbericht 2021 (bundesnetzagentur.de), aufgerufen am 10.1.2023

Bundesnetzagentur, Pressemitteilung, 2021, „Bundesnetzagentur veröffentlicht Festlegung der Eigenkapitalverzinsung", online verfügbar: Bundesnetzagentur – Presse – Bundesnetzagentur veröffentlicht Festlegung der Eigenkapitalverzinsung, aufgerufen am 10.12.2022

Bundesnetzagentur, behördliche Webseite, 2022b, „Kraftwerksliste", online verfügbar: Bundesnetzagentur - Kraftwerksliste, aufgerufen am 10.12.2022

Bundesnetzagentur, behördliche Webseite, Juni 2022c, „Bundesnetzagentur – Jahresbericht 2021", Seite 52, aufgerufen über Statista, Link: Breitbandanschlüsse - Anzahl in Deutschland 2021 | Statista, aufgerufen am 10.1.2023

Bundesnetzagentur, behördliche Webseite, 15. November, 2022d, „Anzahl der öffentlichen Ladepunkte in Deutschland von Januar 2017 bis Oktober 2022", aufgerufen über Statista, online verfügbar: https://de.statista.com/statistik/daten/studie/1190896/umfrage/ladesaeulen-in-deutschland/, aufgerufen am 10.1.2023

Bundesnetzagentur, behördliche Webseite, 2023a, „Daten für den Gasbereich", online verfügbar: DefinitionenDatenGasbereich.pdf (bundesnetzagentur.de), aufgerufen am 10.1.2023

Bundesnetzagentur, behördliche Webseite, 2023b, „Eckpunkte zu Eigenkapitalverzinsung im Strom- und Gasbereich", online verfügbar: Bundesnetzagentur – Presse – Eckpunkte zu Eigenkapitalverzinsung im Strom- und Gasbereich, aufgerufen am 22.6.2023

Bundestag, Anhörung, 12.10.2022, „CO_2-Preis für Müllverbrennung in der Kritik", online verfügbar: Deutscher Bundestag - CO2-Preis für Müllverbrennung in der Kritik, aufgerufen am 21.1.2023

Burger, B., Institutswebseite Fraunhofer-ISE energy charts, 3.1.2022, „Öffentliche Nettostromerzeugung in Deutschland im Jahr 2021“, online verfügbar: https://www.ise.fraunhofer.de/de/presse-und-medien/news/2022/nettostromerzeugung-in-deutschland-2021-erneuerbare-energien-witterungsbedingt-schwaecher.html, aufgerufen am 23.1.2023

Burger, B., Institutswebseite Fraunhofer-ISE energy charts, 2.1.2023, „Öffentliche Nettostromerzeugung in Deutschland im Jahr 2022“, online verfügbar: https://www.energy-charts.info/downloads/Stromerzeugung_2022.pdf, aufgerufen am 23.1.2023

BWE, Verbandswebseite Bundesverband WindEnergie, 2023, „Das Erneuerbare-Energien-Gesetz (EEG)“, online verfügbar: EEG | BWE e.V. (wind-energie.de), aufgerufen am 25.1.2023

Castro-Santos, L., et al., Veröffentlichung, 2015, "The Levelized Cost of Energy (LCOE) of wave energy using GIS based analysis: The case study of Portugal", International Journal of Electrical Power & Energy Systems, 65, 21–25, Link: https://doi.org/10.1016/j.ijepes.2014.09.022

Clausen, J., Borderstep, Veröffentlichung, 27.6.2022, „Das Wasserstoffdilemma: Verfügbarkeit, Bedarfe und Mythen“, online verfügbar: Borderstep Institut, aufgerufen am 10.1.2023

Cullmann, A., et al., Veröffentlichung, 2022, „Wertvolle Ressource Wasser auch in Deutschland zunehmend belastet und regional übermäßig genutzt“, DIW Wochenbericht, 89(49), 651–660, Link: https://www.econstor.eu/handle/10419/267702

Delhaes, D., Handelsblatt, 8.12.2022, „49-Euro-Ticket: Bundesrechnungshof warnt vor einem teuren Deal“, online verfügbar: 49-Euro-Ticket: Rechnungsprüfer warnen vor einem teuren Deal (handelsblatt.com), aufgerufen am 10.1.2023

Deloitte, Unternehmenswebseite, 2015, „Stromvertrieb – Haushaltskunden im Fokus“, online verfügbar: Stromvertrieb_Haushaltskunden im Fokus.pdf (deloitte.com), aufgerufen am 10.1.2023

destatis, behördliche Webseite, 2023, „Umwelt – Wasserwirtschaft“, online verfügbar: Wasserwirtschaft - Statistisches Bundesamt (destatis.de), aufgerufen am 10.1.2023

destatis, behördliche Webseite, 2023b, „Haushalte und Familien“, online verfügbar: https://www.destatis.de/DE/Themen/Gesellschaft-Umwelt/Bevoelkerung/Haushalte-Familien/Tabellen/1-2-privathaushalte-bundeslaender.html, aufgerufen am 19.1.2023

Detz, R., et al., Webseite, 2022, "Projections of electrolyzer investment cost reduction through learning curve analysis", online verfügbar: https://energy.nl/wp-content/uploads/tno-2022-p10111_detzweeda_projections-of-electrolyzer-investment-cost-reduction-through-learning-curve-analysis.pdf, aufgerufen am 10.1.2023

Deutsche Gesellschaft für das Badewesen, Verbandsveröffentlichung, 2019, „Investitionsrückstand deutscher Schwimmbäder im Jahr 2018 (nach Einschätzung der Badbetreiber)“, aufgerufen über Statista online verfügbar: https://de.statista.com/statistik/daten/studie/1134919/umfrage/investitionsrueckstand-deutscher-schwimmbaeder/, aufgerufen am 10.1.2023

Dirner, N., Südwest Presse, 16.12.2022, „Warum Windräder verkauft werden, das Kohlekraftwerk aber nicht“, online verfügbar: SWU Ulm steuern um: Warum Windräder verkauft werden, das Kohlekraftwerk aber nicht | Südwest Presse Online (swp.de), aufgerufen am 10.1.2023

Döbler, M., et al., Rheinische Post, 28.12.2022, „Stadtwerke-Chef warnt vor Welle von Preiserhöhungen“, online verfügbar: Düsseldorf - Stadtwerke-Chef warnt vor Welle von Preiserhöhungen (rp-online.de), aufgerufen am 26.1.2023

Doleski, O D., Veröffentlichung, 2020, „Utility 4.0 – der Energiesektor auf dem Weg nach Digitalien“, Wirtschaftsinformatik & Management, 12(4), 282–289, Link: https://link.springer.com/article/10.1365/s35764-020-00268-w

Dolif, N., Berliner Morgenpost, 18.12.2022, „Wohnungsnot in Berlin: In Vollzeit auf der Suche“, online verfügbar: Wohnungsnot in Berlin: Wie eine Familie vergeblich sucht - Berliner Morgenpost, aufgerufen am 10.1.2023

Dörner, J. et al., waz.de, 19.7.2022, „Trinkwasser in Deutschland wird knapp: Experten warnen“, online verfügbar: Trinkwasser in Deutschland wird knapp: Experten warnen - waz.de, aufgerufen am 10.1.2023

DVGW Deutscher Verein des Gas- und Wasserfaches e.V., Verbandswebseite, 2023, online verfügbar: DVGW e.V.: Impuls – Gasnetze, aufgerufen am 10.1.2023

Eberhardt, M., et al., Veröffentlichung, 2018, „Bewertung von Parkhäusern", In Bewertung von Spezialimmobilien (pp. 617–635). Springer Gabler, Wiesbaden, Link: https://link.springer.com/chapter/10.1007/978-3-8349-4738-3_19

Echeverri, P., et al., Veröffentlichung, 2019, "Consumer vulnerability during mobility service interactions: causes, forms and coping", Journal of Marketing Management, 35(3–4), 364–389, Link: https://doi.org/10.1080/0267257X.2019.1568281

e-con, Unternehmenswebseite, 2023, „Nahwärmeversorgung Dickenreishausen", online verfügbar: Nahwärme – Econ-AG Website, aufgerufen am 10.1.2023

EEX, Unternehmenswebseite, 2022, "Annual Results 2021", online verfügbar: Annual Results 2021 (eex-group.com), aufgerufen am 10.1.2023

Elsässer, E., LKZ, 12.1.2022, „Müllabfuhr: Bürger im Landkreis Ludwigsburg bleiben auf ihrem Abfall sitzen", online verfügbar: Müllabfuhr: Bürger im Landkreis Ludwigsburg bleiben auf ihrem Abfall sitzen (lkz.de), aufgerufen am 10.1.2023

EnBW, 6.10.2020, Pressemitteilung, „EnBW verfestigt nachhaltige Unternehmensstrategie und strebt Klimaneutralität bis 2035 an", online verfügbar: EnBW wird bis 2035 klimaneutral, Teilbereiche viel früher | EnBW, aufgerufen am 10.1.2023

EnBW, 23.7.2021, Pressemitteilung, „Heizkraftwerk Heilbronn: Kohleausstieg bis 2026 anvisiert", online verfügbar: EnBW-Heizkraftwerk Heilbronn: Umstieg von Kohle auf Gas | EnBW, aufgerufen am 10.1.2023

EnBW, Unternehmenswebseite, 2022, „Integrierter Geschäftsbericht 2021", online verfügbar: Integrierter Geschäftsbericht 2021 | EnBW, aufgerufen am 10.1.2023

EnBW, Unternehmenswebseite, 2023, „Energieliefer-Contracting", online verfügbar: Mit Energieliefer-Contracting Vorteile sichern | EnBW, aufgerufen am 10.1.2023

EnBW, Unternehmenswebseite, 2023b, "EnBW mobility+ App", online verfügbar: EnBW mobility+ App: Connect-Testsieger entdecken | EnBW, aufgerufen am 10.1.2023

EnBW, Unternehmenswebseite, 2023c, „Wohnen & Leben der Zukunft", online verfügbar: „Der neue Stöckach" – Ein gutes Stück Stuttgart | EnBW, aufgerufen am 10.1.2023

Endt, C., et al., Die Zeit, 8.12.2022, „Übertrieben und überflüssig", online verfügbar: LNG-Boom: "Unnötige Investitionen auf Kosten der Steuerzahler" | ZEIT ONLINE, aufgerufen am 10.12.2023

Energiedienst, Unternehmenswebseite, 2023, „Wärmenetze", online verfügbar: Wärmenetze (energiedienst.de), aufgerufen am 10.1.2023

E.ON, Pressemitteilung, 17.12.2018, „E.ON vereinfacht Handwerkersuche", online verfügbar: E.ON vereinfacht Handwerkersuche (eon.com), aufgerufen am 10.1.2023

E.ON edis, Unternehmenswebseite, 2023, „Moderne Energieversorgung für den Airport", online verfügbar: E.ON edis Contracting (e-dis.de), aufgerufen am 10.1.2023

E.ON, Unternehmenswebseite, 16.3.2022, „Geschäftsbericht 2021", online verfügbar: https://www.eon.com/de/investor-relations/finanzpublikationen/geschaeftsbericht.html, aufgerufen am 23.1.2023

E.ON, Unternehmenswebseite, 2023, "Connecting Everyone To Good Energy", online verfügbar: E.ON Konzern: Wachstumsstrategie (eon.com), aufgerufen am 23.1.2023

Energate messenger, Verlagswebseite, 3.6.2022, „DSA Deutsche Strom AG meldet Insolvenz an", online verfügbar: DSA Deutsche Strom AG meldet Insolvenz an – energate messenger+ (energate-messenger.de), aufgerufen am 10.1.2023

ene't GmbH, Unternehmenswebseite, 2023, „Karten", online verfügbar: Karten | ene't GmbH (enet.eu), aufgerufen am 10.1.2023

et, Verlagswebseite, 16.3.2022, „Der Markt für Energie-Contracting wächst", online verfügbar: Der Markt für Energie-Contracting wächst, aufgerufen am 10.1.2023

EY & BDEW, Veröffentlichung Stadtwerkezukunft 2015, 2015, „Stadtwerke: Für wie erfolgsversprechend halten Sie die folgenden strategischen Optionen, um zukünftig im Wettbewerb bestehen zu können?“, aufgerufen über Statista, online verfügbar: https://de.statista.com/statistik/daten/studie/456137/umfrage/strategische-optionen-von-stadtwerken-in-deutschland/, aufgerufen am 10.1.2023

EY & BDEW, Veröffentlichung Stadtwerkezukunft 2021, 2021, „Zusammen in die Zukunft: Wie Stadtwerke und Kommunen gemeinsam klimaneutral und erfolgreich werden können“, online verfügbar: EY und BDEW: Download Stadtwerkestudie 2021 | EY - Deutschland, aufgerufen am 10.1.2023

EY & BDEW, Veröffentlichung, 2022, „Teure neue Energiewelt, Stadtwerke zwischen Finanzierungsdruck und Transformationsbedarf“, online verfügbar: Stadtwerkestudie 2022: Teure neue Energiewelt (bdew.de), aufgerufen am 10.1.2023

Fernwasserversorgung Franken, Unternehmenswebseite, 2023, „FERNWASSERVERSORGUNG FRANKEN“, online verfügbar: Startseite - Fernwasserversorgung Franken (FWF) (fernwasser-franken.de), aufgerufen am 10.1.2023

Ferwerda, R., et al., Veröffentlichung, 2018, “Advancing E-roaming in Europe: Towards a single “language” for the European charging infrastructure”, World Electric Vehicle Journal, 9(4), 50, Link: https://doi.org/10.3390/wevj9040050

Fiala, L. und Herz, C., Handelsblatt, 8.12.2022, „Was Wohnungseigentümer tun können, wenn der Gas- oder Stromanbieter kündigt“, online verfügbar: Energie: Wenn der Gas- oder Stromanbieter den Vertrag kündigt (handelsblatt.com), aufgerufen am 10.1.2023

Fischer, T., Veröffentlichung, 2017, „§ 18 Insolvenz öffentlicher Unternehmen.“ Staatseigentum. Springer, Berlin, Heidelberg. 253–263, Link: https://link.springer.com/chapter/10.1007/978-3-662-54308-5_18

Frankfurter Allgemeine, 8.9.2022, „Brüssel will Versorgern im Liquiditätsstress zur Seite stehen“, online verfügbar: Energiekrise: EU will Versorgern den Liquiditätsstress lindern (faz.net), aufgerufen am 10.1.2023

Fraunhofer ISE, Institutswebseite, 2023, “Energy-Charts”, online verfügbar: Stromproduktion | Energy-Charts, aufgerufen am 10.1.2023

Freisinger Stadtwerke, Unternehmenswebseite, 2023, „FREISINGER WOHNBAU GMBH & CO. IMMOBILIEN KG“, online verfügbar: Freisinger Stadtwerke Versorgungs-GmbH - Freisinger Wohnbau GmbH & Co. Immobilien KG (freisinger-stadtwerke.de), aufgerufen am 10.1.2023

Gerber, A., Südkurier, 12.8.2022, „Update nach Geschäftsführer-Weggang: Die nächsten Schritte bei den Stadtwerken“, online verfügbar: Bad Säckingen: Update nach Geschäftsführer-Weggang: Die nächsten Schritte bei den Stadtwerken | SÜDKURIER (suedkurier.de), aufgerufen am 10.1.2023

Glassdoor, online-Arbeitgeberbewertungsplattform, 3.2.2021, „Stadtwerke Karlsruhe“, online verfügbar: https://www.glassdoor.de/Bewertungen/Stadtwerke-Karlsruhe-Bewertungen-E931252.htm, aufgerufen am 14.1.2023

Gomoll, W., Fokus, 2.6.2021, „Strom endlich günstiger? Schnelllade-Gesetz könnte Tank & Rast-Monopol auf Autobahnen brechen“, online verfügbar: E-Auto: Schnelllade-Gesetz könnte Tank & Rast-Monopol auf Autobahnen brechen - FOCUS online, aufgerufen am 23.1.2023

Grossarth, J., Frankfurter Allgemeine, 31.7.2010, „Geblendet von der goldenen Dorade“, online verfügbar: Meeresfischzucht im Saarland: Geblendet von der goldenen Dorade - Wirtschaft - FAZ, aufgerufen am 10.1.2023

Güßgen, F. Wirtschaftswoche, 30.8.2022, „Ein Stromhändler erzählt: „Jetzt bekommen viele Firmen wirklich Panik““, online verfügbar: Trader an der Strombörse: „Ich habe sehr geschwitzt“ (wiwo.de), aufgerufen am 10.1.2023

Handelsblatt, 19.8.2022, „EnBW treibt Teilverkauf der Stromnetztochter TransnetBW voran“, online verfügbar: EnBW treibt Teilverkauf der Stromnetztochter TransnetBW voran (handelsblatt.com), aufgerufen am 10.1.2023

Hannen, P., pv magazin, 16.11.2022, „EnBW platziert zwei grüne Unternehmensanleihen über insgesamt eine Milliarde Euro“, online verfügbar: EnBW platziert zwei grüne Unternehmensanleihen über insgesamt eine Milliarde Euro – pv magazine Deutschland (pv-magazine.de), aufgerufen am 10.1.2023

Hannoversche Allgemeine, 14.12.2022, „Trinkwasser im Harz wird knapp: Okertalsperre nur zu 19 Prozent gefüllt“, online verfügbar: Trinkwasser im Harz wird knapp: Okertalsperre nur zu 19 Prozent gefüllt (haz.de), aufgerufen am 10.1.2023

Harvey, L. D., Veröffentlichung, 2020, “Clarifications of and improvements to the equations used to calculate the levelized cost of electricity (LCOE), and comments on the weighted average cost of capital (WACC)”, Energy, 207, 118340, Link: https://doi.org/10.1016/j.energy.2020.118340

Hauptmann, E., Esslinger Zeitung, 23.8.2022, „Erneut bleiben Tonnen stehen“, online verfügbar: Müllabfuhr im Kreis Esslingen: Erneut bleiben Tonnen stehen - Kreis - Esslinger Zeitung (esslinger-zeitung.de), aufgerufen am 10.1.2023

Hayibo, K. S., et al., Veröffentlichung, 2022, “The greenest solar power? Life cycle assessment of foam-based flexible floatovoltaics”, Sustainable Energy & Fuels, 6(5), 1398–1413, Link: https://pubs.rsc.org/en/content/articlelanding/2022/se/d1se01823j/unauth

Hecking, C., Der Spiegel, 2.7.2022, „Strompreis erhöht sich um 320 Prozent in einem Jahr“, online verfügbar: Leipziger Energiebörse: Strompreis erhöht sich um 320 Prozent in einem Jahr - DER SPIEGEL, aufgerufen am 10.1.2023

Henneberg, L., General-Anzeiger, 21.6.2022, „Stadtwerke wollen umgefahrene E-Ladesäule in der Südstadt wieder aufstellen“, online verfügbar: Ärger um Standort : Stadtwerke wollen umgefahrene E-Ladesäule in der Südstadt wieder aufstellen (ga.de), aufgerufen am 21.1.2023

Hertrich, M., Nordkurier, 17.4.2020, „Stadtwerke-Chef geht überraschend von Bord“, online verfügbar: Personalwechsel bei Neu.sw: Stadtwerke-Chef geht überraschend von Bord | Nordkurier.de, aufgerufen am 10.1.2023

Hielscher, H., Wirtschaftswoche, 22.9.2022, „Steag-Aufsichtsratschef Gerhard Jochum geht – nach sieben Monaten im Amt“, online verfügbar: https://www.wiwo.de/unternehmen/energie/essener-energiekonzern-steag-aufsichtsratschef-gerhard-jochum-geht-nach-sieben-monaten-im-amt/28698800.html, aufgerufen am 10.1.2023

Hillenbrand, T., et al., Veröffentlichung, 2019, „Verbesserung der Wasserqualität durch verringerte Einträge von Spurenstoffen“, In Aktuelle Ansätze zur Umsetzung der UN-Nachhaltigkeitsziele (pp. 291–312). Springer Spektrum, Berlin, Heidelberg, Link: https://link.springer.com/chapter/10.1007/978-3-662-58717-1_16

Hoffmann, F., et al., Veröffentlichung, 2022, „Aufbereitungsverfahren in der Trinkwasserversorgung“, In Wasserversorgung (pp. 119–180). Springer Vieweg, Wiesbaden, Link: https://link.springer.com/chapter/10.1007/978-3-658-37049-7_5

Hofmann, J., et al., Veröffentlichung, 2014, „Controlling und Basel III in der Unternehmenspraxis: Strategien zur Bewältigung erhöhter Bonitätsanforderungen“, Springer-Verlag, Link: https://link.springer.com/book/10.1007/978-3-658-06056-5

Hooper, T., et al., Veröffentlichung, 2021, “Environmental impacts and benefits of marine floating solar”, Solar Energy, 219, 11–14, Link: https://doi.org/10.1016/j.solener.2020.10.010

Husmann, N., Wirtschaftswoche, 6.12.2022, „„Mit Tiefbau allein werden wir nicht das Optimum erreichen““, online verfügbar: Telekom-Deutschlandchef schließt Preiserhöhungen wegen Netzausbau nicht aus (wiwo.de), aufgerufen am 18.1.2023

Industriepark Walsrode, Unternehmenswebseite, 2023, „EnBW Contracting GmbH (EnBW CG)“, online verfügbar: EnBW Contracting GmbH (EnBW CG) (industriepark-walsrode.de), aufgerufen am 10.1.2023

Jenner, S. et al., Veröffentlichung, 4.10.2017, „Das Stadtwerk der Zukunft: Progressive Ansätze für Stadtwerke und Politik“. Discussion Paper, Das Progressive Zentrum; Verband kommunaler Unternehmen e.V. (VKU), Okt. 2017, online verfügbar: Discussion Paper „Das Stadtwerk der Zukunft“ - Das Progressive Zentrum (progressives-zentrum.org), aufgerufen am 23.1.2023

Jeschke, A., Die Zeit, 25.6.2022, „Wird das Wasser knapp?“, online verfügbar: Wasser: Wird das Wasser knapp? | ZEIT ONLINE, aufgerufen am 10.1.2023

Junedi, M., et al., Veröffentlichung, 2022, “Environmental and economic performance assessment of integrated conventional solar photovoltaic and agrophotovoltaic systems”, Renewable and Sustainable Energy Reviews, 168, 112799, Link: https://doi.org/10.1016/j.rser.2022.112799

Karadeniz, B., PF-BITS, 26.4.2022, „Stadtwerke wollen verstärkt auf Biogas setzen“, online verfügbar: Stadtwerke wollen verstärkt auf Biogas setzen – PF-BITS, aufgerufen am 10.1.2023

Klasen, J., et al., Unternehmenswebseite, 19.5.2020, „Warum Energieversorger das volle Ausmaß der Corona-Pandemie verzögert, aber mit weitreichenden Konsequenzen zu spüren bekommen“, Studie der Unternehmensberatung Roland Berger, online verfügbar: https://www.rolandberger.com/de/Insights/Publications/Verz%C3%B6gerte-Krise-bei-Energieversorgern.html, aufgerufen am 10.1.2023

Kluge, M., MOZ.de, 23.2.2022, „Geschäftsführer Frank Elstermann geht“, online verfügbar: Stadtwerke Strausberg: Geschäftsführer Frank Elstermann geht | MMH (moz.de), aufgerufen am 10.1.2023

Kohlhauer, Unternehmenswebseite, 2023, „PHOTOVOLTAIK-LÄRMSCHUTZWAND HAT SICH BEWÄHRT“, online verfügbar: https://www.kohlhauer.com/2020/01/20/photovoltaik-laermschutzwand-hat-sich-bewaehrt/, aufgerufen am 12.1.2023

Kost, C., et al., Veröffentlichung, Juni 2021, „Stromgestehungskosten Erneuerbare Energien“, Fraunhofer-Institut für Solare Energiesysteme ISE, online verfügbar: Studie: Stromgestehungskosten erneuerbare Energien - Fraunhofer ISE, aufgerufen am 10.1.2023

Kraftwerk Rostock, Unternehmenswebseite, 2023, „Fernwärme“, online verfügbar: Kraftwerk Rostock (kraftwerk-rostock.de), aufgerufen am 19.1.2023

Kramer, H., Tagesspiegel PNN, 21.10.2022, „Stadtwerke-Skandal in Bad Belzig: Politik stimmt für Bürgerentscheid zur Bürgermeister-Abwahl“, online verfügbar: Stadtwerke-Skandal in Bad Belzig: Politik stimmt für Bürgerentscheid zur Bürgermeister-Abwahl (tagesspiegel.de), aufgerufen am 10.1.2023

Krog, S., Augsburger Allgemeine, 12.12.2022, „Verluste im Nahverkehr: Die Stadt Augsburg muss den Stadtwerken helfen“, online verfügbar: Augsburg: Verluste im Nahverkehr: Die Stadt Augsburg muss den Stadtwerken helfen (augsburger-allgemeine.de), aufgerufen am 10.1.2023

Kuhn, P., et al., Veröffentlichung, 2018, “Validation of an all-sky imager-based nowcasting system for industrial PV plants”, Progress in Photovoltaics: Research and Applications, 26. Jg., Nr. 8, S. 608–621, Link: https://onlinelibrary.wiley.com/doi/abs/10.1002/pip.2968

Kuhn, P., Dissertation, 2019, “Development and benchmarking of solar nowcasting systems”, RWTH Aachen, online verfügbar: Development and benchmarking of solar nowcasting systems - RWTH Publications (rwth-aachen.de), aufgerufen am 24.1.2023

Kuhn, P., Veröffentlichung, 2023, „Photovoltaik-Mieterstromgesetzgebung in Deutschland und ausgewählten europäischen Ländern – Analyse und Verbesserungsvorschläge“, GRIN-Verlag ISBN 9783346798992, Link: https://www.grin.com/document/1319153

Kuhn, T., et al., Veröffentlichung, 2009, „Kosten sparen, Umwelt schützen. Feld- und Labortests zur lichttechnischen Bestimmung von Energiesparpotenzialen in der heutigen Straßenbeleuchtung mit konventionellen Technologien.“ LICHT 61.5, online verfügbar: Kosten sparen, Umwelt schuetzen. Feld- und Labortests zur lichttechnischen Bestimmung von Energiesparpotenzialen in der heutigen Strassenbeleuchtung mit konventionellen Technologien (trb.org), aufgerufen am 10.1.2023

Kununu, online-Arbeitgeberbewertungsplattform, Mai 2019, „Stadtwerke Heilbronn – Firmenkultur“, online verfügbar: https://www.kununu.com/de/stadtwerke-heilbronn/kultur, aufgerufen am 14.1.2023

Kununu, online-Arbeitgeberbewertungsplattform, November 2021, „Stadtwerke Rostock – Firmenkultur“, online verfügbar: https://www.kununu.com/de/stadtwerke-rostock3/kultur, aufgerufen am 14.1.2023

Kununu, online-Arbeitgeberbewertungsplattform, Dezember 2022a, „Stadtwerke Leipzig – Firmenkultur“, online verfügbar: https://www.kununu.com/de/stadtwerke-leipzig1/kultur, aufgerufen am 14.1.2023

Kununu, online-Arbeitgeberbewertungsplattform, August 2022b, „Stadtwerke Leipzig – Firmenkultur“, online verfügbar: https://www.kununu.com/de/stadtwerke-leipzig1/kultur, aufgerufen am 14.1.2023

Kununu, online-Arbeitgeberbewertungsplattform, August 2022c, „Stadtwerke Kiel – Firmenkultur“, online verfügbar: https://www.kununu.com/de/stadtwerke-kiel-ag/kultur, aufgerufen am 14.1.2023

Kununu, online-Arbeitgeberbewertungsplattform, August 2022d, „Stadtwerke Kiel – Firmenkultur“, online verfügbar: https://www.kununu.com/de/stadtwerke-kiel-ag/kultur, aufgerufen am 14.1.2023

Kununu, online-Arbeitgeberbewertungsplattform, Februar 2022e, „Stadtwerke Tübingen – Firmenkultur“, online verfügbar: https://www.kununu.com/de/stadtwerke-tuebingen/kultur, aufgerufen am 14.1.2023

Kununu, online-Arbeitgeberbewertungsplattform, Juni 2022f, „Stadtwerke Soest – Firmenkultur“, online verfügbar: https://www.kununu.com/de/stadtwerke-soest/kultur, aufgerufen am 14.1.2023

Kunze, F., et al., Veröffentlichung, 2021, „Einführung einer holokratischen Organisationsstruktur – eine Fallstudie bei den Stadtwerken Konstanz“, Zeitschrift für Führung und Organisation 5/2021: 301–305, Pre-Print online verfügbar: Einfuehrung-einer-holokratischen-Organisationsstruktur-Eine-Fallstudie-bei-den-Stadtwerken-Konstanz.pdf (researchgate.net), aufgerufen am 10.1.2023

Lambert, A., et al., Veröffentlichung, 2010, „Partikelentfernung in der Trinkwasseraufbereitung: Problematiken und Lösungsansätze“, Umweltwissenschaften und Schadstoff-Forschung, 22.6 (2010): 679–685, Link: https://enveurope.springeropen.com/articles/10.1007/s12302-010-0162-1

Landkreis Rems-Murr, behördliche Webseite, 2023, „ENTSORGUNGSEINRICHTUNGEN“, online verfügbar: Abfallwirtschaft Rems-Murr - Entsorgungseinrichtungen (abfallwirtschaft-rems-murr.de), aufgerufen am 10.1.2023

Lange, S., Augsburger Allgemeine, 3.12.2022, „Die Wohnungsnot in Deutschland verschlimmert sich dramatisch“, online verfügbar: Wohnungsmangel: Die Wohnungsnot in Deutschland verschlimmert sich dramatisch (augsburger-allgemeine.de), aufgerufen am 10.1.2023

Langner, M., et al., Veröffentlichung, 2020, „Sichere Trinkwasserversorgung trotz Klimawandel – wie resilient sind unsere Systeme und wo besteht Handlungsbedarf?: 32. Trinkwasserkolloquium“, 20.02. 2020, online verfügbar: OPUS: Sichere Trinkwasserversorgung trotz Klimawandel - wie resilient sind unsere Systeme und wo besteht Handlungsbedarf? : 32. Trinkwasserkolloquium, 20.02.2020 (uni-stuttgart.de), aufgerufen am 10.1.2023

Lehnhoff, S., Veröffentlichung, 2010, „Das europäische Energieversorgungssystem“, In Dezentrales vernetztes Energiemanagement, Vieweg+ Teubner, Link: https://link.springer.com/chapter/10.1007/978-3-8348-9658-2_2

Leichsenring, J., MOZ.de, „Tauziehen ums Wasser – warum Biesenthal den Durst von Bernau fürchtet“, online verfügbar: Versorgung mit Trinkwasser: Tauziehen ums Wasser – warum Biesenthal den Durst von Bernau fürchtet | MMH (moz.de), aufgerufen am 10.1.2023

Leipziger Stadtwerke, Unternehmenswebseite, 2023, „Unsere Energie für eine nachhaltige Zukunft“, online verfügbar: Das sind wir (l.de), aufgerufen am 10.1.2023

Lenk, T., et al., Studie der Managementberatung S. M. M., 2010, „Strategien von Stadtwerken – Status quo und Perspektiven“, Studie des Kompetenzzentrums für Öffentliche Wirtschaft und Daseinsvorsorge der Universität Leipzig und der smm managementberatung GmbH, Düsseldorf, online verfügbar: Stadtwerke-Strategien_Status_quo_und_Perspektiven.pdf (s-m-m.de), aufgerufen am 10.1.2023

Lichter, J., et al., Veröffentlichung, 2020, „Der Einfluss von Offshore-Windenergie auf die EEX-Strompreise“, Zeitschrift für Energiewirtschaft, 2020, 44. Jg., Nr. 2, S. 85–99, online verfügbar: Der Einfluss von Offshore-Windenergie auf die EEX-Strompreise | SpringerLink, aufgerufen am 23.1.2023

Loewen, J., Veröffentlichung, 2020, "LCOE is an undiscounted metric that inaccurately disfavors renewable energy resources", The Electricity Journal, 33(6), 106769, Link: https://doi.org/10.1016/j.tej.2020.106769

Löhr, J., et al., Frankfurter Allgemeine, 31.1.2022, „Deutschland droht nächstes Großprojektdebakel", online verfügbar: Suedlink: Deutschland droht nächstes Großprojektdebakel (faz.net), aufgerufen am 19.1.2023

Lorenz, H. J., Veröffentlichung, 2005, „Bewertung von Parkierungsanlagen, insbesondere von Parkhäusern", In Bewertung von Spezialimmobilien (pp. 671–696). Gabler Verlag, Wiesbaden, Link: https://link.springer.com/chapter/10.1007/978-3-663-01570-3_19

Loth, E., et al., Veröffentlichung, 2022, "Why we must move beyond LCOE for renewable energy design", Advances in Applied Energy, 8, 100112, Link: https://doi.org/10.1016/j.adapen.2022.100112

Ludwig, W., E.ON, Unternehmenswebseite, 2019, „Verteilnetze", online verfügbar: Verteilnetze - Die Lebensadern für die neue Energiewelt (eon.com), aufgerufen am 10.1.2023

Mainzer Stadtwerke, Unternehmenswebseite, 2023, „Forschungsprojekt" „H2-Industrie –Wasserstoff-Technologie für eine klimafreundliche Produktion", online verfügbar: https://www.mainzer-stadtwerke.de/nachhaltigkeit/innovationsprojekte/klimafreundlicher-wasserstoff#, aufgerufen am 10.1.2023

Manager-Magazin, Verlagswebseite, 6.1.2022, „Uniper pumpt sich Milliardenbeträge", online verfügbar: Hohe Gaspreise: Uniper pumpt sich Milliardenbeträge - manager magazin (manager-magazin.de), aufgerufen am 10.1.2023

Main-Echo, Verlagswebseite, 11.10.2022, „Aschaffenburger Stadtwerke fürchten um ihre Existenz", online verfügbar: Aschaffenburger Stadtwerke fürchten um ihre Existenz (main-echo.de), aufgerufen am 26.1.2023

Markt und Mittelstand, Verlagswebseite, 17.1.2022, „Profitabilität von Stadtwerken sinkt", online verfügbar: Profitabilität von Stadtwerken sinkt - Markt und Mittelstand, aufgerufen am 10.1.2023

Marquardt, R.-M., et al., Veröffentlichung, 2010, „Beschäftigungsbedingungen und Unternehmenskultur in der Elektrizitätswirtschaft." WSI-mitteilungen 63.6 (2010): 291–298, online verfügbar: Beschäftigungsbedingungen und Unternehmenskultur in der Elektrizitätswirtschaft - Wirtschafts- und Sozialwissenschaftliches Institut (wsi.de), aufgerufen am 10.1.2023

McKenzie, G., Veröffentlichung, 2020, "Urban mobility in the sharing economy: A spatiotemporal comparison of shared mobility services", Computers, Environment and Urban Systems, 79, 101418, Link: https://www.sciencedirect.com/science/article/pii/S0198971519303060

Meyer-Delpho, F., Veröffentlichung, 2020, „Energiedienstleistungsvertrieb 4.0", In Realisierung Utility 4.0 Band 2 (pp. 529–536). Springer Vieweg, Wiesbaden, Link: https://link.springer.com/content/pdf/bfm:978-3-658-25589-3/1.pdf

Mix, U., SWR, 7.12.2022, „Klatsche für Nagold: Gericht stoppt Vergabe des Gas- und Stromnetzes", online verfügbar: Gericht stoppt Vergabe des Gas- und Stromnetzes in Nagold - SWR Aktuell, aufgerufen am 19.1.2023

Montag, D. M., Dissertation, 2008, „Phosphorrückgewinnung bei der Abwasserreinigung: Entwicklung eines Verfahrens zur Integration in kommunale Kläranlagen", Doctoral dissertation, Aachen, Techn. Hochsch., Link: https://d-nb.info/98906901x/34

Moody's, Unternehmenswebseite, 8.12.2022, Unternehmenswebseite, „Moody's affirms EnBW's Baa1 rating; stable outlook", online verfügbar: Research: Rating Action: Moody's affirms EnBW's Baa1 rating; stable outlook - Moody's (moodys.com), aufgerufen am 19.1.2023

MVV, Unternehmenswebseite, 31.10.2019, „Mannheimer Startup schafft Plattform für kreative Talent-Angebote", online verfügbar: Mannheimer Startup schafft Plattform für kreative Talent-Angebote (mvv.de), aufgerufen am 10.1.2023

MVV, Unternehmenswebseite, 2023, „Kundenreferenz – Contracting? Genau das Richtige!“, online verfügbar: Referenzkunde: Industriepark Ludwigshafen - Contractinglösung (mvv.de), aufgerufen am 10.1.2023

NaturEnergie, Unternehmenswebseite, 2023, „Effiziente Wärme für dein Zuhause“, online verfügbar: Wärmelösungen von NaturEnergie, aufgerufen am 10.1.2023

Neidinger, G., Die Oberbadische, 26.7.2019, „Energiedienst unterliegt im Strom-Streit“, online verfügbar: Lörrach: „Energiedienst“ unterliegt im Strom-Streit - Lörrach - Verlagshaus Jaumann (verlagshaus-jaumann.de), aufgerufen am 27.1.2023

N-ERGIE, Unternehmenswebseite, 2022, „Geschäftsbericht 2021“, online verfügbar: https://www.n-ergie.de/public/remotemedien/media/n_ergie/internet/die_n_ergie/unternehmen_1/publikationen/geschaeftsberichte_1/N-ERGIE_Geschaeftsbericht_2021.pdf, aufgerufen am 23.1.2023

NetCom BW, Unternehmenswebseite, 2023, „Wirtschaftlichkeitslückenmodell“, online verfügbar: Wirtschaftlichkeitslücke - NetCom BW GmbH: NetCom BW GmbH (netcom-bw.de), aufgerufen am 10.1.2023

NetCom BW, Unternehmenswebseite, 2023b, „Betreibermodell“, online verfügbar: Betreibermodell - NetCom BW GmbH: NetCom BW GmbH (netcom-bw.de), aufgerufen am 10.1.2023

Netze BW, Unternehmenswebseite, 2023, „Wir kümmern uns drum“, online verfügbar: Wir kümmern uns drum - Netze BW GmbH (netze-bw.de), aufgerufen am 10.1.2023

Netze BW, Unternehmenswebseite, 2023b, „Wasserversorgung in höchster Qualität“, online verfügbar: Betriebsführung Wasser - Netze BW GmbH (netze-bw.de), aufgerufen am 10.1.2023

Neuerer, D., Handelsblatt, 8.6.2022, „Umweltbundesamt für günstiges ÖPNV-Jahresticket nach Vorbild Österreichs“, online verfügbar: 9-Euro-Ticket boomt: Umweltbundesamt für günstiges ÖPNV-Jahresticket (handelsblatt.com), aufgerufen am 10.1.2023

Nissen, U., et al., Veröffentlichung, 2019, “Shortcomings of the traditional “levelized cost of energy”[LCOE] for the determination of grid parity”, Energy, 171, 1009–1016, Link: https://doi.org/10.1016/j.energy.2019.01.093

Nobis, M., Dissertation, 2020, „Stochastische Fundamentalmodellierung von Day-Ahead-und Intraday-Elektrizitätsmärkten“, Rheinisch-Westfälische Technische Hochschule Aachen, online verfügbar: Stochastische Fundamentalmodellierung von Day-Ahead- und Intraday-Elektrizitätsmärkten (d-nb.info), aufgerufen am 24.1.2023

Obermeyer, J., Südkurier, 7.10.2022, „Stadtwerke Bad Säckingen kündigen über 6000 Verträge für Strom und Gas“, online verfügbar: Bad Säckingen: Stadtwerke Bad Säckingen kündigen über 6000 Verträge für Strom und Gas | SÜDKURIER (suedkurier.de), aufgerufen am 10.1.2023

Ookla, 2022, „Durchschnittliche Verbindungsgeschwindigkeit der Internetanschlüsse (Festnetz) in den führenden Ländern/Territorien weltweit im Oktober 2022 (Medianwert in Mbit/s)“, aufgerufen über Statista, online verfügbar: https://de.statista.com/statistik/daten/studie/224924/umfrage/internet-verbindungsgeschwindigkeit-in-ausgewaehlten-weltweiten-laendern/, aufgerufen am 10.1.2023

Otto, T., Merkur, 18.12.2022, „Gas-Sparte zieht Stadtwerke Memmingen tief in die roten Zahlen“, online verfügbar: Gas-Sparte zieht Stadtwerke Memmingen tief in die roten Zahlen (merkur.de), aufgerufen am 10.1.2023

Ouda, M., et al., Veröffentlichung, 2019, „Power-to-methanol: techno-economical and ecological insights.“ Zukünftige Kraftstoffe. Springer Vieweg, Berlin, Heidelberg, Link: https://link.springer.com/chapter/10.1007/978-3-662-58006-6_17

Pietzcker, J., Veröffentlichung, 2010, „Internkommunale Zusammenarbeit und Vergaberecht.“ Kommunale Aufgaben im Europäischen Binnenmarkt. Nomos Verlagsgesellschaft mbH & Co. KG, online verfügbar: https://www.nomos-elibrary.de/10.5771/9783845223902/kommunale-aufgaben-im-europaeischen-binnenmarkt?page=1, aufgerufen am 10.1.2023

Popien, M., Hamburger Abendblatt, 21.5.2013, „Gehaltsskandal um Lübecks Stadtwerke weitet sich aus“, online verfügbar: Gehaltsskandal um Lübecks Stadtwerke weitet sich aus - Hamburger Abendblatt, aufgerufen am 10.1.2023

Pöschko, H., ZVW, 20.10.2020, „Stadtwerke Schorndorf: Kaum da, ist der neue Kaufmännische Geschäftsführer Marcus Bort schon wieder weg“, online verfügbar: Stadtwerke Schorndorf: Kaum da, ist der neue Kaufmännische Geschäftsführer Marcus Bort schon wieder weg - Schorndorf - Zeitungsverlag Waiblingen (zvw.de), aufgerufen am 10.1.2023

pv magazine, Verlagswebseite, 13.12.2021, „Kooperation: Stadtwerke Heidelberg setzen mit Conergy erstmals auf solares Großprojekt“, online verfügbar: Kooperation: Stadtwerke Heidelberg setzen mit Conergy erstmals auf solares Großprojekt – pv magazine Deutschland (pv-magazine.de), aufgerufen am 10.1.2023

pwc, Unternehmenswebseite, 2009, „Kooperation von Stadtwerken – ein Erfolgsmodell?“, online verfügbar: Kooperation von Stadtwerken - ein Erfolgsmodell? (pwc.de), aufgerufen am 10.1.2023

pwc, Unternehmenswebseite, 2017, „Herausforderungen der Zukunft in der Energieversorgung meistern, Stadtwerke 2030 – Eine empirische Studie zu den strategischen Perspektiven eines Energieversorgers“, online verfügbar: PowerPoint Presentation (pwc.de), aufgerufen am 10.1.2023

pwc, Unternehmenswebseite, 3.5.2022, „Ohne Fachkräfte keine Energiewende – wie Kooperationen Abhilfe schaffen können“, online verfügbar: Ohne Fachkräfte keine Energiewende – wie Kooperationen Abhilfe schaffen können/Auf ein Watt – Der Blog für die Energiewirtschaft/PwC Deutschland, aufgerufen am 10.1.2023

Quaschning, V., private Webseite, 2022, „Spezifische Kohlendioxidemissionen verschiedener Brennstoffe“, online verfügbar: Spezifische Kohlendioxidemissionen verschiedener Brennstoffe (volker-quaschning.de), aufgerufen am 10.1.2023

Rabe, L., et al., Veröffentlichung, 2022, „Effizienz der Ozonung zur Transformation persistenter und mobiler Spurenstoffe in der Trinkwasseraufbereitung“, Vom Wasser, 120(4), 89–91, Link: https://doi.org/10.1002/vomw.202200015

Randstad, Unternehmenswebseite, 31.10.2021, „New Work Trendreport“, online verfügbar: randstad-new-work-trendreport-1.pdf resp. hier: https://de.statista.com/statistik/daten/studie/1279351/umfrage/umfrage-zu-ausschlaggebenden-faktoren-bei-der-arbeitgeberwahl/, aufgerufen am 19.1.2023

Reksten, A. H., et al. “Projecting the future cost of PEM and alkaline water electrolysers; a CAPEX model including electrolyser plant size and technology development.” International Journal of Hydrogen Energy 47.90 (2022): 38106–38113, Link: https://doi.org/10.1016/j.ijhydene.2022.08.306

Rheinische Post, Verlagswebseite, 19.7.2022, „Eishalle Dinslaken wird nun doch nicht saniert“, online verfügbar: https://rp-online.de/nrw/staedte/dinslaken/40-millionen-euro-eishalle-dinslaken-wird-doch-nicht-saniert_aid-73163639, aufgerufen am 14.1.2023

Rödl & Partner, Unternehmenswebseite, 5.3.2015, „Finanzierung von Versorgungsunternehmen“, online verfügbar: Finanzierung von Versorgungsunternehmen | Rödl & Partner (roedl.de), aufgerufen am 10.1.2023

Rödl & Partner, Unternehmenswebseite, 2016, „Unternehmensstrategie von Stadtwerken und kommunalen Energieversorgern“, online verfügbar: Unternehmensstrategie von Stadtwerken und kommunalen Energieversorgungsunternehmen | Rödl & Partner (roedl.de), aufgerufen am 10.1.2023

Rödl & Partner, Unternehmenswebseite, 2018, „IFRS 16 – Zukunft der Leasingbilanzierung – Schluss mit „off-balance““, online verfügbar: IFRS 16: Zukunft der Leasingbilanzierung – Schluss mit „off-balance“ | Rödl & Partner (roedl.de), aufgerufen am 10.1.2023

Rödl & Partner, Unternehmenswebseite, 2019, „Fachkräftemangel bei Stadtwerken“, online verfügbar: Dem Fachkräftemangel muss bei Stadtwerken mit einem wettbewerbsfähigen Gehaltsniveau sowie einer vorausschauenden strategischen Personalbedarfsplanung begegnet werden | Rödl & Partner (roedl.de), aufgerufen am 10.1.2023

Rödl & Partner, Unternehmenswebseite, 2.9.2019b, „Strategie-Review Stadtwerke und Energieversorger“, online verfügbar: Strategie-Review Stadtwerke und Energieversorger | Rödl & Partner (roedl.de), aufgerufen am 19.1.2023

Rödl & Partner, Unternehmenswebseite, 8.11.2022, „Kooperation oder …? Wie kommen Stadtwerke gestärkt aus der Krise?“, online verfügbar: Kooperation oder ...? Wie kommen Stadtwerke gestärkt aus der Krise? | Rödl & Partner (roedl.de), aufgerufen am 19.1.2023

Rohbogner, G., Veröffentlichung, 2020, „Datenversorger statt Energieversorger in einem Post-Erneuerbare-Energien-Gesetz-Zeitalter“, In Realisierung Utility 4.0 Band 1 (pp. 587–598). Springer Vieweg, Wiesbaden, Link: https://link.springer.com/chapter/10.1007/978-3-658-25332-5_35

RWE, Unternehmenswebseite, 2022, „Geschäftsbericht 2021“, online verfügbar: https://www.rwe.com/-/media/RWE/documents/05-investor-relations/finanzkalendar-und-veroeffentlichungen/2021-GJ/2022-03-15-rwe-geschaeftsbericht-2021.pdf?sc_lang=de-DE, aufgerufen am 19.1.2029

RWE, Pressemitteilung, 1.10.2022b, „QIA investiert 2,43 Milliarden Euro, um die Growing-Green-Strategie von RWE zu beschleunigen“, online verfügbar: QIA investiert 2,43 Milliarden Euro, um die Growing-Green-Strategie von RWE zu beschleunigen, aufgerufen am 19.1.2029

Schaich, M., Böblinger Bote, 10.11.2022, „Herrenberg – Stadtwerke kündigen alle Stromverträge zum Jahresende“, online verfügbar: Herrenberg: Stadtwerke kündigen alle Stromverträge zum Jahresende - Stadt und Kreis Böblingen - Kreiszeitung Böblinger Bote (krzbb.de), aufgerufen am 10.1.2023

Schepers, M., et al., Veröffentlichung, 2020, „Entwicklung und Management von Energiedienstleistungen: eine empirische Studie zur Unternehmensentwicklung in Energieversorgungsunternehmen“, online verfügbar: OPUS 4 | Entwicklung und Management von Energiedienstleistungen : eine empirische Studie zur Unternehmensentwicklung in Energieversorgungsunternehmen (reutlingen-university.de), aufgerufen am 10.1.2023

Schilling, G., Der Neue Kämmerer, 20.10.2022, „Stadtwerke sichern sich städtische Kredite“, online verfügbar: Stadtwerke sichern sich städtische Kredite - Der Neue Kämmerer (derneuekaemmerer.de), aufgerufen am 10.1.2023

Schleswiger Stadtwerke, Unternehmenswebseite, 2023, „Umweltdienste“, online verfügbar: Umweltdienste Schleswig - Stadtwerke SH (stadtwerke-sh.de), aufgerufen am 10.1.2023

Schulte, S., et al., Westfälische Rundschau, 13.9.2022, „Sorge um Stadtwerke: Bundesregierung plant Rettungsaktion“, online verfügbar: Sorge um Stadtwerke: Bundesregierung plant Rettungsaktion - wr.de, aufgerufen am 10.1.2023

Schunder, J., et al., Stuttgarter Zeitung, 20.10.2022, „Stadtwerke wollen drei Milliarden Euro investieren“, online verfügbar: Stuttgart will mehr Öko-Energie selbst erzeugen: Stadtwerke wollen drei Milliarden Euro investieren (stuttgarter-zeitung.de), aufgerufen am 19.1.2023

Schütze, A., Handelsblatt, 19.9.2022, „Eigner von „Kriegsgewinnler“ Steag streiten über Verkauf“, online verfügbar: Steag: Eigentümer streiten über Verkauf und Personal des Stromunternehmens (handelsblatt.com), aufgerufen am 19.1.2023

Schütze, A., Handelsblatt, 6.4.2022b, „EnBW sucht Investor mit drei Milliarden Euro Cash für Stromnetztochter TransnetBW“, online verfügbar: EnBW sucht Investor für Stromnetztochter TransnetBW (handelsblatt.com), aufgerufen am 19.1.2023

Schwab, A. J., Veröffentlichung, 2017, „Elektroenergiesysteme: Erzeugung, Übertragung und Verteilung elektrischer Energie“, Springer-Verlag, Link: https://link.springer.com/book/10.1007/978-3-540-92227-8

Schwäbische, Verlagswebseite, 9.12.2022, „Lob von den Mitarbeitern an das Stadtwerk am See“, online verfügbar: Stadtwerk am See bekommt Bestnoten von den Mitarbeitern (schwaebische.de), aufgerufen am 10.1.2023

Shell, Unternehmenswebseite, 2023, „E-Mobility mit der Shell Card: Die Zukunft unter Strom“, online verfügbar: E-Mobility mit der Shell Card: Die Zukunft unter Strom | Shell DE | Shell in Deutschland | Offizielle Website, aufgerufen am 10.1.2023

Short, W., et al., behördliche Webseite, 1995, “A Manual for the Economic Evaluation of Energy Efficiency and Renewable Energy Technologies”, online verfügbar: https://www.nrel.gov/docs/legosti/old/5173.pdf, aufgerufen am 13.1.2023

Shukla, A. K., et al., Veröffentlichung, 2016, “A comprehensive review on design of building integrated photovoltaic system”, Energy and Buildings, 128, 99–110, Link: https://doi.org/10.1016/j.enbuild.2016.06.077

Sillaber, A., Veröffentlichung, 2016, „Leitfaden zur Verteilnetzplanung und Systemgestaltung“, Springer Fachmedien Wiesbaden, Link: https://link.springer.com/book/10.1007/978-3-658-14713-6

Smolinka, T., et al., Veröffentlichung, 2018, „Studie IndWEDe. Industrialisierung der Wasserelektrolyse in Deutschland“, online verfügbar: Studie IndWEDe - Industrialisierung der Wasserelektrolyse in Deutschland: Chancen und Herausforderungen für nachhaltigen Wasserstoff für Verkehr, Strom und Wärme - Fraunhofer IPA, aufgerufen am 10.1.2023

Solarserver, Verlagswebseite, 4.3.2020, „Berliner Stadtwerke: Photovoltaik auf dem Gefängnis nutzen“, online verfügbar: Berliner Stadtwerke: Photovoltaik auf dem Gefängnis nutzen - Solarserver, aufgerufen am 10.1.2023

Sonnenberg, P., tagesschau, 20.9.2022, „Wer rettet die Stadtwerke?“, online verfügbar: Energiekrise: Wer rettet die Stadtwerke? | tagesschau.de, aufgerufen am 10.1.2023

Spreemann, J., Nordkurier, 28.4.2022, „Eon schockt Kunden bei Neubrandenburg mit Kündigung“, online verfügbar: Stromversorgung: Eon schockt Kunden bei Neubrandenburg mit Kündigung | Nordkurier.de, aufgerufen am 10.1.2023

Stadt Aschaffenburg, kommunale Webseite, 2021, „Haushalt 2022“, online verfügbar: Haushalt-2022-komprimiert.pdf (aschaffenburg.de), aufgerufen am 10.1.2023

Stadt Balingen, Gremienunterlage Gemeinderatssitzung, 25.1.2022, „Stadtwerke Balingen Wirtschaftsplan 2022“, online verfügbar: SessionNet | Gemeinderat - 25.01.2022 - 17:00-20:20 Uhr (balingen.info), aufgerufen am 10.1.2023

Stadt Nagold, kommunale Webseite, 2023, „Parkhäuser und Tiefgaragen“, online verfügbar: Parkhäuser und Tiefgaragen | Stadt Nagold, aufgerufen am 10.1.2023

Stadt Rösrath, kommunale Webseite, 2023, „Straßenbau“, online verfügbar: Straßenbau – Stadt Rösrath (roesrath.de), aufgerufen am 10.1.2023

Stadt Wertheim, kommunale Webseite, 5.11.2014, ohne Titel, online verfügbar: wertheim.de - Übernahme der Betriebsführung des Abwasserzweckverbandes Südspessart, aufgerufen am 12.1.2023

Stadt Würzburg, kommunale Webseite, 2023, „Unser Service“, online verfügbar: Themen | Umwelt und Klima | Abfall und Stadtreinigung - Unser Service (wuerzburg.de), aufgerufen am 10.1.2023

Stadtreiniger Kassel, Firmenwebseite, 2023, „Über uns“, online verfügbar: Über uns | Die Stadtreiniger, aufgerufen am 10.1.2023

Stadtwerke Aalen, Unternehmenswebseite, 2023, “E-Carsharing”, online verfügbar: Stadtwerke Aalen GmbH (sw-aalen.de), aufgerufen am 10.1.2023

Stadtwerke Ahaus, Unternehmenswebseite, 2023, „Wasserstoff“, online verfügbar: Wasserstoff - (stadtwerke-ahaus.de), aufgerufen am 10.1.2023

Stadtwerke am See, Unternehmenswebseite, 2023, „Wärme“, online verfügbar: STADTWERK AM SEE - Wärme (stadtwerk-am-see.de), aufgerufen am 10.1.2023

Stadtwerk Andernach, Unternehmenswebseite, 2023, „IHR STADTWERK ANDERNACH“, online verfügbar: Ihr Stadtwerk Andernach (stadtwerke-andernach.de), aufgerufen am 10.1.2023

Stadtwerke Aschaffenburg, Unternehmenswebseite, 2023, „Ihre Stadtwerke Aschaffenburg“, online verfügbar: Ihre Stadtwerke Aschaffenburg - Abfall & Stadtreinigung (stwab.de), aufgerufen am 10.1.2023

Stadtwerk Bamberg, Unternehmenswebseite, 2023, „125 Jahre öffentlicher Nahverkehr in Bamberg“, online verfügbar: 125 Jahre öffentlicher Nahverkehr in Bamberg: Stadtwerke Bamberg (stadtwerke-bamberg.de), aufgerufen am 10.1.2023

Stadtwerk Bamberg, Unternehmenswebseite, 2023b, „Carsharing in Bamberg mit meiaudo – CarSharing“, online verfügbar: Carsharing: Stadtwerke Bamberg (stadtwerke-bamberg.de), aufgerufen am 10.1.2023

Stadtwerke Baden-Baden, Unternehmenswebseite, 2023, „Öffentlicher Personennahverkehr in Baden-Baden“, online verfügbar: Öffentlicher Personennahverkehr in Baden-Baden - Stadtwerke Baden-Baden (stadtwerke-baden-baden.de), aufgerufen am 10.1.2023

Stadtwerke Baden-Baden, Unternehmenswebseite, 2023b, „Hallen- und Freibäder in Baden-Baden“, online verfügbar: Hallen- und Freibäder in Baden-Baden - Stadtwerke Baden-Baden (stadtwerke-baden-baden.de), aufgerufen am 10.1.2023

Stadtwerke Bad Saulgau, Unternehmenswebseite, 2023, „Über uns – Selbstverständnis“, online verfügbar: Stadtwerke Bad Saulgau :: Über uns (bad-saulgau.de), aufgerufen am 10.1.2023

Stadtwerke Bielefeld, Unternehmenswebseite, 2023, „Ein Innovationspark für Bielefelds neue Wasserstoffbusse“, online verfügbar: Stadtwerke Bielefeld - Innovationspark (stadtwerke-bielefeld.de), aufgerufen am 10.1.2023

Stadtwerk Bietingheim-Bissingen, Unternehmenswebseite, 2023, „Bäder/Eishalle“, online verfügbar: Bäder/Eishalle - Stadtwerke Bietigheim-Bissingen (sw-bb.de), aufgerufen am 10.1.2023

Stadtwerke Buchen, Unternehmenswebseite, 2023, „Betriebsführung Wasser“, online verfügbar: Stadtwerke Buchen GmbH & Co KG - Ihr Versorger vor Ort - Betriebsführung Wasser (stadtwerke-buchen.de), aufgerufen am 10.1.2023

Stadtwerk Celle, Unternehmenswebseite, 2023, „Celle erleben.“, online verfügbar: Tourismus - Stadtwerke Celle (stadtwerke-celle.de), aufgerufen am 10.1.2023

Stadtwerk Duisburg, Unternehmenswebseite, 2023, „Hallo U!“, online verfügbar: wlan-city - Stadtwerke Duisburg WLAN (stadtwerke-duisburg.de), aufgerufen am 10.1.2023

Stadtwerk Düsseldorf, Pressemitteilung, 2023, „Es läuft in Flingern!“, online verfügbar: Trinkwasserbrunnen im Stadtwerke-Park | Stadtwerke Düsseldorf (swd-ag.de), aufgerufen am 10.1.2023

Stadtwerk Emmendingen, Unternehmenswebseite, 2023, online verfügbar: Stadtbus für Emmendingen | Stadtwerke Emmendingen GmbH (swe-emmendingen.de), aufgerufen am 10.1.2023

Stadtwerke Emden, Unternehmenswebseite, 2023, „Zahlen & Fakten“, online verfügbar: Zahlen & Fakten - Stadtwerke Emden (stadtwerke-emden.de), aufgerufen am 10.1.2023

Stadtwerke Erding, Unternehmenswebseite, 2023, „Über uns“, online verfügbar: Stadtwerke Erding - Liebe Kundinnen und Kunden, (stadtwerke-erding.de), aufgerufen am 10.1.2023

Stadtwerke Eschwege, Unternehmenswebseite, 2023, „Unternehmensportrait“, online verfügbar: Unternehmensportrait - Stadtwerke Eschwege (stadtwerke-eschwege.de), aufgerufen am 10.1.2023

Stadtwerke Esslingen, Unternehmenswebseite, 2023, „Wie funktioniert Wärme-Contracting?“, online verfügbar: Wie funktioniert Wärme-Contracting - SWE - Stadtwerke Esslingen, aufgerufen am 10.1.2023

Stadtwerke Fellbach, Unternehmenswebseite, 2023, „Biogasanlage“, online verfügbar: Stadtwerke Fellbach - Biogasanlage (stadtwerke-fellbach.de), aufgerufen am 10.1.2023

Stadtwerke Gmünd, Firmenwebseite, 2023, „Gmünd bewegt!“, online verfügbar: E-Carsharing - Stadtwerke Schwäbisch Gmünd (stwgd.de), aufgerufen am 10.1.2023

Stadtwerke Heidenheim, Unternehmenswebseite, 2023, „Baugesellschaft Heidenheim GmbH“, online verfügbar: Baugesellschaft Heidenheim GmbH - Stadtwerke Heidenheim AG (stadtwerke-heidenheim.de), aufgerufen am 10.1.2023

Stadtwerke Heidelberg, Unternehmenswebseite, 2023, „Die Heidelberger Bäder“, online verfügbar: Die Heidelberger Bäder (swhd.de), aufgerufen am 10.1.2023

Stadtwerke Heidelberg, Unternehmenswebseite, 2023b, „Zentral gelegene Parkhäuser und Anwohnergaragen im Herzen Heidelbergs“, online verfügbar: Parkplätze in Heidelberger Parkhäusern (swhd.de), aufgerufen am 10.1.2023

Stadtwerk Heilbronn, Unternehmenswebseite, 2023, „Eisstadion Heilbronn“, online verfügbar: Stadtwerke Heilbronn - Eisstadion (stadtwerke-heilbronn.de), aufgerufen am 10.1.2023

Stadtwerk Hof, Unternehmenswebseite, 2023, online verfügbar: Linien I Stadtwerke Hof (stadtwerke-hof.de), aufgerufen am 10.1.2023

Stadtwerke Hürth, Unternehmenswebseite, 2023, „Mir für üch“, online verfügbar: Stadtwerke Hürth - Grünflächen (stadtwerke-huerth.de), aufgerufen am 10.1.2023

Stadtwerke Kaiserslautern, Unternehmenswebseite, 2021, „SWK-Nachhaltigkeitsbericht“, online verfügbar: 2021_01_Kaiserslautern_SWK_Kdz.pdf (swk-kl.de), aufgerufen am 10.1.2023

Stadtwerke Kaiserslautern, Unternehmenswebseite, 2022, „Beteiligungsbericht 2021“, online verfügbar: https://www.kaiserslautern.de/mb/themen/stadtverwaltung/beteiligungen/pdf/20_swk_stadtwerke_kaiserslautern_gmbh.pdf, aufgerufen am 10.1.2023

Stadtwerke Kaiserslautern, Unternehmenswebseite, 2023, „Stets zu Diensten“, online verfügbar: SWK: Dienstleistungen: Auf einem Blick (swk-kl.de), aufgerufen am 10.1.2023

Stadtwerke Karlsruhe, Unternehmenswebseite, 30.6.2022, „Stadtwerke Karlsruhe beteiligen sich an Forschungsprojekt TrafoHyVe zum Einsatz von Wasserstoff“, online verfügbar: Stadtwerke Karlsruhe beteiligen sich an Forschungsprojekt TrafoHyVe zum Einsatz von Wasserstoff (stadtwerke-karlsruhe.de), aufgerufen am 10.1.2023

Stadtwerke Karlsruhe, Unternehmenswebseite, 2023, „KA Glasfaser für die Südstadt“, online verfügbar: KA Glasfaser - schnell sein lohnt sich! (stadtwerke-karlsruhe.de), aufgerufen am 10.1.2023

Stadtwerke Kiel, Unternehmenswebseite, 2023, „Strategische Energiebeschaffung“, online verfügbar: Strategische Beschaffung - Stadtwerke Kiel AG (stadtwerke-kiel.de), aufgerufen am 10.1.2023

Stadtwerke Konstanz, Unternehmenswebseite, 2023, „WÄRME FÜR QUARTIER LAUBENHOF WIRD AUS ABWASSER GEWONNEN“, online verfügbar: Innovativ: Wärme für Quartier Laubenhof wird aus Abwasser gewonnen (stadtwerke-konstanz.de), aufgerufen am 10.1.2023

Stadtwerke Konstanz, Unternehmenswebseite, 2023b, „Zahlen und Fakten zum Unternehmen“, online verfügbar Über uns - Informationen über die Stadtwerke Konstanz (stadtwerke-konstanz.de), aufgerufen am 10.1.2023

Stadtwerke Kulmbach, Unternehmenswebseite, 2023a, „Eisbahn“, online verfügbar: Stadtwerke Kulmbach: Eisstadion (stadtwerke-kulmbach.de), aufgerufen am 10.1.2023

Stadtwerke Kulmbach, Unternehmenswebseite, 2023b, „Forst“, online verfügbar: Stadtwerke Kulmbach: Forst (stadtwerke-kulmbach.de), aufgerufen am 10.1.2023

Stadtwerke Langen Immobilien GmbH, Unternehmenswebseite, 2023, „Gute Wohnungen für günstige Mieten“, online verfügbar: Kommunaler Service auf hohem Niveau - Stadtwerke Langen (stadtwerke-langen.de), aufgerufen am 10.1.2023

Stadtwerke Lingen, Unternehmenswebseite, 2023, „Mit Wasserstoff die Energiewende vorantreiben“, online verfügbar: Get H2-Infrastruktur: Stadtwerke Lingen (stadtwerke-lingen.de), aufgerufen am 10.1.2023

Stadtwerke Lutherstadt Wittenberg, Unternehmenswebseite, 23.12.2021, „Oberbürgermeister und Stadtwerke-Chef: „Versorgungssicherheit zählt zum Selbstverständnis““, online verfügbar: Oberbürgermeister und Stadtwerke-Chef: „Versorgungssicherheit zählt zum Selbstverständnis“ I Stadtwerke Lutherstadt Wittenberg (stadtwerke-wittenberg.de), aufgerufen am 10.1.2023

Stadtwerk Marburg, Unternehmenswebseite, 2023, „Fahrpläne“, online verfügbar: Stadtwerke Marburg: Fahrpläne (stadtwerke-marburg.de), aufgerufen am 10.1.2023

Stadtwerk Metzingen, Unternehmenswebseite, 2023, „Weil wir von hier sind", online verfügbar: Stadtwerke Metzingen | Unsere Philosophie (stadtwerke-metzingen.de), aufgerufen am 10.1.2023

Stadtwerke Mühlacker, Unternehmenswebseite, 2023, „Biomethananlage", online verfügbar: Stadtwerke Mühlacker - Biomethananlage (stadtwerke-muehlacker.de), aufgerufen am 10.1.2023

Stadtwerke Mühlacker, Unternehmenswebseite, 2023b, „Freizeit & Spaß mit den Stadtwerken Mühlacker", online verfügbar: Stadtwerke Mühlacker - Freizeiteinrichtungen (stadtwerke-muehlacker.de), aufgerufen am 10.1.2023

Stadtwerke Müllheim-Staufen, Unternehmenswebseite, 2023, „Ihre Stadtwerke MüllheimStaufen GmbH", online verfügbar: Ihre Stadtwerke MüllheimStaufen GmbH | Stadtwerke Müllheim-Staufen (alemannenenergie.de), aufgerufen am 10.1.2023

Stadtwerke München, Unternehmenswebseite, 2023, „Glasfaser: Netzausbau fürs Highspeed-Internet", online verfügbar: Glasfaser: Netzausbau fürs Highspeed-Internet (swm.de), aufgerufen am 10.1.2023

Stadtwerke München, Unternehmenswebseite, 2023b, „Glasfaser-Vorteile: Einfach erklärt", online verfügbar: Glasfaser-Vorteile im Überblick | SWM Magazin, aufgerufen am 10.1.2023

Stadtwerke Neumünster, Unternehmenswebseite, 2023, „Glasfaser", online verfügbar: Stadtwerke Neumünster: SWN Glasfaser · Natürlich lichtschnell. (stadtwerke-neumuenster.de), aufgerufen am 10.1.2023

Stadtwerk Pirmasens, Unternehmenswebseite, 2023, „Weitere Angebote", online verfügbar: Ihr Partner für den Nahverkehr in Pirmasens. (stadtbus-pirmasens.de), aufgerufen am 10.1.2023

Stadtwerk Regensburg, Unternehmenswebseite, 2023, „Werkstätten", online verfügbar: Werkstätten - das Stadtwerk Regensburg GmbH (das-stadtwerk-regensburg.de), aufgerufen am 10.1.2023

Stadtwerk Regensburg, Unternehmenswebseite, 2023b, „Schwimmvergnügen – mitten in der Stadt: das Stadtwerk.Hallenbad", online verfügbar: das Stadtwerk.Hallenbad - das Stadtwerk Regensburg GmbH (das-stadtwerk-regensburg.de), aufgerufen am 10.1.2023

Stadtwerke Sangerhausen, Unternehmenswebseite, 2023, online verfügbar: Stadtwerke Sangerhausen GmbH - Notstromaggregatverleih (stadtwerke-sangerhausen.de), aufgerufen am 10.1.2023

Stadtwerke Schweinfurt, Unternehmenswebseite, 2023, online verfügbar: Stadtbus - Mobilität - Stadtwerke Schweinfurt (stadtwerke-sw.de), aufgerufen am 10.1.2023

Stadtwerke Sinsheim, Unternehmenswebseite, 2023, „Biogasanlage", online verfügbar: Biogasanlage - Stadtwerke Sinsheim (sw-sinsheim.de), aufgerufen am 10.1.2023

Stadtwerke Solingen, Unternehmenswebseite, 2023, „Bürgerenergie-Genossenschaft", online verfügbar: Bürgerenergie-Genossenschaft | Stadtwerke Solingen GmbH (stadtwerke-solingen.de), aufgerufen am 10.1.2023

Stadtwerke Stuttgart, Unternehmenswebseite, 2023, „Effiziente Wärmedienstleistungen von Ihrem Stadtwerk", online verfügbar: Wärmedienstleistungen aus einer Hand (stadtwerke-stuttgart.de), aufgerufen am 10.1.2023

Stadtwerk Tauberfranken, Unternehmenswebseite, 15.8.2018, „Gerüstet für die Zukunft", online verfügbar: Gerüstet für die Zukunft | (stadtwerk-tauberfranken.de), aufgerufen am 10.1.2023

Stadtwerk Tauberfranken, 2022, Unternehmenswebseite, „Geschäftsbericht 2021", online verfügbar: https://geschaeftsbericht.stadtwerk-tauberfranken.de/wp-content/uploads/2022/06/gb-swtf-2021.pdf, aufgerufen am 10.1.2023

Stadtwerk Torgau, Unternehmenswebseite, 2023, „Über 25 Jahre Stadtwerke Torgau", online verfügbar: Stadtwerke Torgau - Das Unternehmen stellt sich vor (stadtwerke-torgau.de), aufgerufen am 10.1.2023

Stadtwerke Trier, Unternehmenswebseite, 2023, „Unser Selbstverständnis Führung", online verfügbar: SWT Stadtwerke Trier - Unser Selbstverständnis Führung, aufgerufen am 10.1.2023

Stadtwerke Tübingen, Unternehmenswebseite, 2.12.2022, „Top Company 2023: Stadtwerke Tübingen erhalten neues Siegel für Mitarbeiterfreundlichkeit", online verfügbar: Top Company 2023: Stadtwerke Tübingen erhalten neues Siegel für Mitarbeiterfreundlichkeit | Stadtwerke Tübingen (swtue.de), aufgerufen am 10.1.2023

Stadtwerke Tübingen, Unternehmenswebseite, 2023, „Fahrplanabfrage“, online verfügbar: Fahrplanabfrage I TüBus I Stadtwerke Tübingen (swtue.de), aufgerufen am 10.1.2023
Stadtwerke Tübingen, Unternehmenswebseite, 2023b, „swt-Parkhäuser in Tübingen“, online verfügbar: Parkhäuser I Stadtwerke Tübingen (swtue.de), aufgerufen am 10.1.2023
Stadtwerke Villingen-Schwenningen, Unternehmenswebseite, 2023, „Contracting: Ihre individuelle Wärmelösung – ohne hohe Investitionskosten“, online verfügbar: Individuelle Wärmelösungen mieten I Stadtwerke VS (svs-energie.de), aufgerufen am 10.1.2023
Stadtwerke Waldkraiburg, Unternehmenswebseite, 2023, online verfügbar: Stadtwerke Waldkraiburg GmbH - Winterdienst (stadtwerke-waldkraiburg.de), aufgerufen am 10.1.2023
Stadtwerke Weissenburg, Unternehmenswebseite, 2023, „Minigolf“, online verfügbar: Minigolf – Limesbad Weissenburg (sw-wug.de), aufgerufen am 10.1.2023
Stadtwerk Wunstorf, Unternehmenswebseite, 2023, „Unsere Werte“, online verfügbar: Stadtwerke Wunstorf - Unsere Werte (stadtwerke-wunstorf.de), aufgerufen am 10.1.2023
Stadtwerke Zittau, Unternehmenswebseite, 2023, „Biomethan Zittau GmbH“, online verfügbar: Biomethan Zittau GmbH I Stadtwerke Zittau (stadtwerke-zittau.de), aufgerufen am 10.1.2023
Statistisches Bundesamt, behördliche Webseite, 2016, „Umwelt – Öffentliche Wasserversorgung und öffentliche Abwasserentsorgung – Strukturdaten zur Wasserwirtschaft“, Fachserie 19 Reihe 2.1.3, online verfügbar: Öffentliche Wasserversorgung und Abwasserentsorgung - Strukturdaten zur Wasserwirtschaft - Fachserie 19 Reihe 2.1.3 - 2016 (destatis.de), aufgerufen am 10.1.2023
Statistisches Bundesamt, behördliche Webseite, 2022, „Struktur der öffentlichen Wassergewinnung in Deutschland nach Quellen im Jahr 2019“, aufgerufen über Statista, online verfügbar: https://de.statista.com/statistik/daten/studie/262254/umfrage/struktur-der-oeffentlichen-wassergewinnung-in-deutschland/, aufgerufen am 10.1.2023
Statistisches Bundesamt, behördliche Webseite, 2022b, „Anzahl der Baufertigstellungen von Wohn- und Nichtwohngebäuden in Deutschland in den Jahren 2002 bis 2021 (in 1.000)“, aufgerufen über Statista, online verfügbar: https://de.statista.com/statistik/daten/studie/70370/umfrage/baufertigstellungen-wohngebaeude-und-nichtwohngebaeude-seit-1998/, aufgerufen am 10.1.2023
Stehle, A., Die Zeit, 17.12.2022, „Angekommen im Wilden Westen“, online verfügbar: LNG-Markt: Angekommen im Wilden Westen I ZEIT ONLINE, aufgerufen am 10.1.2023
Steiche, N., et al., BR24, 15.12.2022, „Hungernde Feldhamster könnten Stromtrassenbau verzögern“, online verfügbar: Hungernde Feldhamster könnten Stromtrassenbau verzögern I BR24, aufgerufen am 21.1.2023
Stratmann, K., Handelsblatt, 18.10.2022, „Hilferuf der Spitzenverbände: Ohne schnelle Hilfe geraten Stadtwerke in Existenznot“, online verfügbar: Energiekrise: Ohne schnelle Hilfe droht vielen Stadtwerken das Aus – Dominoeffekt befürchtet (handelsblatt.com), aufgerufen am 10.1.2023
Stürmer, H., SVZ, 29.7.2015, „Korrupter Chef muss in Haft“, online verfügbar: Korrupter Chef muss in Haft I SVZ, aufgerufen am 10.1.2023
Südkurier, Verlagswebseite, 23.9.2022, „Kein Strom mehr von den Laufenburger Stadtwerken“, online verfügbar: Kein Strom mehr von den Laufenburger Stadtwerken I SÜDKURIER (suedkurier.de), aufgerufen am 10.1.2023
SWR aktuell, Verlagswebseite, 6.9.2022, „Gaspreise: Droht Stadtwerken in BW bald die Insolvenz?“, online verfügbar: Gaspreise: Droht Stadtwerken in BW bald die Insolvenz? - SWR Aktuell, aufgerufen am 10.1.2023
swt, Unternehmenswebseite Stadtwerke Tübingen, 15.12.2022, „ABO Wind kooperiert mit den Stadtwerken Tübingen“, online verfügbar: ABO Wind kooperiert mit den Stadtwerken Tübingen I Stadtwerke Tübingen (swtue.de), aufgerufen am 10.1.2023
Sydow, R., Veröffentlichung, 2022, „Auswirkungen des demografischen Wandels auf die Energiewirtschaft“, Berufswelten Energie & Wasser, Callidus Energie GmbH, online verfügbar: Auswirkungen des demografischen Wandels auf die Energiewirtschaft - Berufswelten Energie Wasser (berufswelten-energie-wasser.de), aufgerufen am 10.1.2023

Syna, Unternehmenswebseite, 2023, „Syna übernimmt ab 2023 Betriebsführung der Stadtwerke Backnang“, online verfügbar: Syna übernimmt ab 2023 Betriebsführung der Stadtwerke Backnang, aufgerufen am 15.1.2023

Tag24, Verlagswebseite, 31.12.2022, „E-LADESTATION IM ERZGEBIRGE DURCH BÖLLER ZERSTÖRT“, online verfügbar: Niederwürschnitz: E-Ladestation im Erzgebirge durch Böller zerstört | TAG24, aufgerufen am 23.1.2023

TankE, Unternehmenswebseite, 2023, „TANKE Ladenetzwerk“, online verfügbar: TankE-Netzwerk | TankE-Netzwerk Homepage, aufgerufen am 10.1.2023

taz, Verlagswebseite, 19.2.2017, „Bankrott mit Billigstrom“, online verfügbar: Stromversorger Care-Energy ist pleite: Bankrott mit Billigstrom - taz.de, aufgerufen am 19.1.2023

Theurer, M., Frankfurter Allgemeine, 4.10.2022, „Stadtwerke geraten in große Not wegen steigender Energiepreise“, online verfügbar: Stadtwerke geraten in große Not wegen steigender Energiepreise (faz.net), aufgerufen am 26.1.2023

Thois, T., PNP.de, 13.12.2022, „Bürokratie-Monster Strompreisbremse“, online verfügbar: „Bürokratie-Monster“ Strompreisbremse: Stadtwerke beklagen erheblichen Mehraufwand (pnp.de), aufgerufen am 26.1.2023

Thüga, Pressemitteilung, 27.6.2016, „Thüga Strategie-Review: Exzellenz im Kerngeschäft und Zusammenarbeit im Fokus.“, online verfügbar: https://www.thuega.de/pressemitteilungen/thuega-strategie-review-exzellenz-im-kerngeschaeft-und-zusammenarbeit-im-fokus/, aufgerufen am 21.1.2023

Thüga, Unternehmenswebseite, 28.11.2022, „„Die Energiewende darf nicht am Fachkräftemangel scheitern!““, online verfügbar: „Die Energiewende darf nicht am Fachkräftemangel scheitern!“ | Thüga (thuega.de), aufgerufen am 21.1.2023

Thüga, Unternehmenswebseite, 2022b, „Jahresbericht 2021“, online verfügbar: https://thuega-cdn-copy.s3.eu-central-1.amazonaws.com/Thuega/documents/Thuega_GB_21_ANSICHT_150dpi.pdf, aufgerufen am 21.1.2023

Tiergarten Neustrelitz, Unternehmenswebseite, 2023, online verfügbar: Unsere Tiere - Tiergarten Neustrelitz (tiergarten-neustrelitz.de), aufgerufen am 10.1.2023

TransnetBW, Unternehmenswebseite, 2023, „Wer wir sind“, online verfügbar: https://www.transnetbw.de/de/unternehmen/portraet/wer-wir-sind, aufgerufen am 13.1.2023

Triebskorn, R., et al., Veröffentlichung, 2017, „Weitergehende Abwasserreinigung: Ein wirksames und bezahlbares Instrument zur Verminderung von Spurenstoffen und Keimen im Wasserkreislauf“, Eberhard Karls Universität Tübingen Tübingen Library Publishing, Link: https://is.muni.cz/publication/1411141/cs/Weitergehende-Abwasserreinigung-Ein-wirksames-und-bezahlbares-Instrument-zur-Verminderung-von-Spurenstoffen-und-Keimen-im-Wasserkreislauf/Triebskorn-Amler-Benisek-Blaha

Umweltbundesamt, behördliche Webseite, 15.1.2022, „Kohlendioxid-Emissionsfaktoren für die deutsche Berichterstattung atmosphärischer Emissionen“, online verfügbar: co2_ef_liste_2022_brennstoffe_und_industrie_final.xlsx (live.com), aufgerufen am 10.1.2023

Ueckerdt, F., et al., Veröffentlichung, 2013, “System LCOE: What are the costs of variable renewables?”, Energy, 63, 61–75, Link: https://doi.org/10.1016/j.energy.2013.10.072

VATM, Studie, Oktober 2022, „VATM 24. TK-Marktanalyse Deutschland 2022“, Seite 5, aufgerufen über Statista, online verfügbar: Umsatz Telekommunikationsdienste nach Segment bis 2022 | Statista, aufgerufen am 10.1.2023

vdek, Verband der Ersatzkassen, 5.12.2022, „vdek-Basisdaten des Gesundheitswesens 2022“, online verfügbar: vdek-Basisdaten: Daten, Zahlen und Fakten zum Gesundheitswesen, aufgerufen am 10.1.2023

VKU, Verband kommunaler Unternehmen, 2022, „Zahlen Daten Fakten 2022“, online verfügbar: VKU_ZDF_2022_DE.pdf, aufgerufen am 10.1.2023

VDV, Verband Deutscher Verkehrsunternehmen, 2020, „Verteilung der Kostendeckung im öffentlichen Personennahverkehr in Deutschland von 1998 bis 2018“, aufgerufen über Statista, online verfügbar: ÖPNV - Verteilung der Kostendeckung in Deutschland | Statista, aufgerufen am 10.1.2023

VDV, Verband Deutscher Verkehrsunternehmen, 2022, „Anzahl der Personenkilometer im öffentlichen Personennahverkehr in Deutschland von 2011 bis 2020 (in Millionen)“, aufgerufen über Statista, online verfügbar: https://de.statista.com/statistik/daten/studie/1243163/umfrage/personenkilometer-im-oepnv-in-deutschland/, aufgerufen am 10.1.2023

VDV, Verband Deutscher Verkehrsunternehmen, 2023, „Autonome Shuttle-Bus-Projekte in Deutschland“, online verfügbar: Autonome Busse in Deutschland: Liste & Details der Projekte | VDV - Die Verkehrsunternehmen, aufgerufen am 10.1.2023

Viehhauser, A., Energie-Blog, A. Viehhauser, 18.6.2022, „Kaum eine Branche braucht Digitalisierung dringender als die Energiewirtschaft“, online verfügbar: Keine Branche braucht Digitalisierung dringender als die Energiewirtschaft, aufgerufen am 10.1.2023

VNG, Unternehmenswebseite, 2018, „In welchen der nachfolgenden Bereiche sehen Sie für Ihr Unternehmen Kooperationsmöglichkeiten mit Dritten?“, Quelle: Umfrage Energiewende Sektorkopplung, Erheber: Uni Leipzig (Kompetenzzentrum Öffentliche Wirtschaft, Infrastruktur und Daseinsvorsorge e.V.), aufgerufen über Statista, online verfügbar: https://de.statista.com/statistik/daten/studie/859075/umfrage/umfrage-zu-kooperationsmoeglichkeiten-von-energieversorgern/, aufgerufen am 23.1.2023

VNG, Unternehmenswebseite, 2023, „Geschäftsbereich Biogas“, online verfügbar: Geschäftsbereich Biogas | VNG AG, aufgerufen am 10.1.2023

VKU, Verband kommunaler Unternehmen, 6.9.2011, „VKU kritisiert Forderungen der Bundesnetzagentur Regulierung des Wassermarktes gefährdet Versorgungssicherheit“, online verfügbar: VKU kritisiert Forderungen der Bundesnetzagentur / Regulierung des Wassermarktes ... | Presseportal, aufgerufen am 10.1.2023

VuMA & IFAK, Veröffentlichung, 2020, Studie der GfK Media and Communication Research, forsa marplan, Erhebungszeitraum 2017–2020, Stichprobe: 2017: 23.106 Befragte, Hochrechnung auf 70,09 Mio. Personen 2018: 23.086 Befragte, Hochrechnung auf 70,45 Mio. Personen 2019: 23.120 Befragte, Hochrechnung auf 70,60 Mio., aufgerufen über Statista, online verfügbar: Stromanbieter - Wechselbereitschaft in Deutschland bis 2020 | Statista, aufgerufen am 10.1.2023

Wagner, T. P., et al., Veröffentlichung, 2022, „Wie die Versorgung mit Green Energy eine nachhaltige Verbindung zwischen Ökonomie und Ökologie schafft und die Immobilien-Wertschöpfung verbessert“, In Auf dem Weg zu einer nachhaltigen, effizienten und profitablen Wertschöpfung von Gebäuden (pp. 157–174). Springer Vieweg, Wiesbaden, Link: https://link.springer.com/chapter/10.1007/978-3-658-34962-2_9

Walter, S., Unternehmenswebseite, 2019, „Digitale Geschäftsmodelle als Herausforderung für Stadtwerke“, online verfügbar: Digitale Geschäftsmodelle als Herausforderung für Stadtwerke | Public Magazin (msg.group), aufgerufen am 10.1.2023

Walther, J., Freie Presse, 1.12.2022, „Stadtwerke Werdau: Der neue Mann hat einen schweren Job“, online verfügbar: Stadtwerke Werdau: Der neue Mann hat einen schweren Job | Freie Presse - Werdau, aufgerufen am 10.1.2023

Warg, F., Veröffentlichung, 2019, „Der Grundversorger zwischen Wettbewerb und Gemeinwohl“, Nomos Verlag, doi.org/10.5771/9783845291772, Link: https://www.nomos-elibrary.de/10.5771/9783845291772/der-grundversorger-zwischen-wettbewerb-und-gemeinwohl

Wawer, T., Veröffentlichung, 2022, „Terminmärkte für Elektrizität“, In Elektrizitätswirtschaft (pp. 195–225). Springer Gabler, Wiesbaden, Link: https://link.springer.com/chapter/10.1007/978-3-658-38418-0_8

WDR, Unternehmenswebseite, 23.11.2022, „Stadtwerke Castrop-Rauxel kündigen mehreren tausend Kunden“, online verfügbar: Stadtwerke Castrop-Rauxel kündigen mehreren tausend Kunden - Ruhrgebiet - Nachrichten - WDR, aufgerufen am 10.1.2023

Wenleder, A., BR, Unternehmenswebseite, 6.10.2022, „Energieversorger kündigt Hunderte Verträge von Gewerbekunden“, online verfügbar: Energieversorger kündigt Hunderte Verträge von Gewerbekunden | BR24, aufgerufen am 10.1.2023

Wenzel, V., Merkur.de, 27.2.2010, „Stadtwerke: Ein Skandal und seine Folgen“, online verfügbar: Stadtwerke: Ein Skandal und seine Folgen (merkur.de), aufgerufen am 10.1.2023

Werding, M., Veröffentlichung, 2019, „Talente werden knapp: Perspektiven für den Arbeitsmarkt“, In War for Talents (pp. 3–17). Springer Gabler, Berlin, Heidelberg, Link: https://link.springer.com/chapter/10.1007/978-3-662-57481-2_1

Weselek, A., et al., Veröffentlichung, 2019, "Agrophotovoltaic systems: applications, challenges, and opportunities. A review", Agronomy for Sustainable Development, 39(4), 1–20, Link: https://link.springer.com/article/10.1007/s13593-019-0581-3

Wetterauer Zeitung, Verlagswebseite, 2.4.2019, „Stadtwerke: Hartmann geht“, online verfügbar: Stadtwerke: Hartmann geht (wetterauer-zeitung.de), aufgerufen am 10.1.2023

Wingen, M., et al., Veröffentlichung, 2020, „Wasserwirtschaft 4.0“, In Handbuch Industrie 4.0: Recht, Technik, Gesellschaft (pp. 799–820). Springer, Berlin, Heidelberg, Link: https://link.springer.com/chapter/10.1007/978-3-662-58474-3_41

Wirries, B., Veröffentlichung, 2020, „Wie eine regionale und digitale Plattform die Wandlung zum Utility 4.0 unterstützen und komplettieren kann“, In Realisierung Utility 4.0 Band 2 (pp. 549–563). Springer Vieweg, Wiesbaden, Link: https://link.springer.com/chapter/10.1007/978-3-658-25589-3_40

Wirtschaftswoche, Verlagswebseite, 19.12.2022, „Krisenkonzern Uniper – Aktionäre ebnen Weg zur Verstaatlichung“, online verfügbar: Krise bei Uniper: Aktionäre ebnen Weg zur Verstaatlichung (wiwo.de), aufgerufen am 10.1.2023

Witsch, K., Handelsblatt, 31.2.2019, „Das gefährliche Geschäftsmodell der Billigstromanbieter“, online verfügbar: BEV-Insolvenz: Das gefährliche Modell der Billigstromanbieter (handelsblatt.com), aufgerufen am 10.1.2023

Witsch, K., Handelsblatt, 15.11.2022, „Stadtwerke Düsseldorf stellen überregionalen Handel mit Strom und Gas ein“, online verfügbar: Stadtwerke Düsseldorf stellen überregionalen Handel mit Strom und Gas ein (handelsblatt.com), aufgerufen am 10.1.2023

Wohnungsgesellschaft der Stadtwerke Köln mbH, Unternehmenswebseite, 2023, „Wohnraum für unsere Mitarbeiterinnen und Mitarbeiter“, online verfügbar: Wohnungsgesellschaft der Stadtwerke Köln mbH - Stadtwerke Köln Konzern (stadtwerkekoeln.de), aufgerufen am 10.1.2023

Wulfers, A., Frankturter Allgemeine, 24.1.2022, „Fachkräftemangel – Schuften für die Klimawende“, online verfügbar: Wie der Fachkräftemangel die Energiewende bedroht (faz.net), aufgerufen am 10.1.2023

Wulfhorst, J., veröffentlichter Vortrag, September 2012, „Klimawandel, Trockenfallen und Hochwasser: Ein neues integratives Konzept der Nachhaltigkeit im Wasserhaushalt–Wasserversorgung, Quellen und Bäche“, Tagung ‚Biodiversität und Klimawandel‘ vom 9. bis 12. September 2012, online verfügbar: http://biologische-vielfalt.de/fileadmin/MDB/documents/ina/vortraege/2012/2012-Vernetzung-Wulfhorst.pdf, aufgerufen am 10.1.2023

WWF, Webseite, 12.5.2022, „Ökologisch schädliche Kleinwasserkraft nicht weiter subventionieren“, online verfügbar: Ökologisch schädliche Kleinwasserkraft nicht weiter subventionieren | WWF, aufgerufen am 20.12.2022

Yello, Unternehmenswebseite, 23.5.2018, „Yello steigt erfolgreich in E-Mobility-Markt ein.“, online verfügbar: Yello steigt erfolgreich in E-Mobility-Markt ein., aufgerufen am 10.1.2023

Yello, Unternehmenswebseite, 2023, „Gute Energie + Wunschgerät.“, online verfügbar: Strom- oder Gastarif mit Wunschgerät | Yello, aufgerufen am 10.1.2023

Zeilfelder, M., et al., Veröffentlichung, 2020, „Analyse der Abwasser-, Abfall- und Entsorgungswirtschaft: Weiterbildungsbedarfe, Trends und Herausforderungen", Hochschule Kaiserslautern, Link: https://kluedo.ub.uni-kl.de/frontdoor/index/index/docId/6026

ZfK, Verlagswebseite, 8.3.2021, „Enormer Finanzierungsbedarf: Alternative Finanzierungswege gewinnen an Bedeutung", online verfügbar: Enormer Investitionsbedarf: Alternative Finanzierungswege gewinnen an Bedeutung: ZFK (bet-energie.de), aufgerufen am 10.1.2023

ZfK, Verlagswebseite, 6.10.2022, „12 Thesen: Was Stadtwerken gegen den Fachkräftemangel hilft", online verfügbar: 12 Thesen: Was Stadtwerken gegen den Fachkräftemangel hilft: Zeitung für kommunale Wirtschaft (bet-energie.de), aufgerufen am 10.1.2023

ZfK, Verlagswebseite, 23.11.2022b, „Stadtwerke stärken Liquidität, um Gewerbekunden Laufzeitverträge anzubieten", online verfügbar: Stadtwerke stärken Liquidität, um Gewerbekunden Laufzeitverträge anzubieten: Zeitung für kommunale Wirtschaft (zfk.de), aufgerufen am 10.1.2023

ZfK, Verlagswebseite, 23.11.2022c, „Stadtwerke stärken Liquidität, um Gewerbekunden Laufzeitverträge anzubieten", online verfügbar: Stadtwerke stärken Liquidität, um Gewerbekunden Laufzeitverträge anzubieten: Zeitung für kommunale Wirtschaft (zfk.de), aufgerufen am 10.1.2023

ZfK, Verlagswebseite, 3.1.2023, „VNG-Tochter Balance erwirbt 40. Biogasanlage", online verfügbar: https://www.zfk.de/energie/gas/vng-tochter-balance-erwirbt-40-biogasanlage, aufgerufen am 10.1.2023

Stichwortverzeichnis

P. Kuhn, *Struktur und strategische Handlungsoptionen deutscher Stadtwerke*,
https://doi.org/10.1007/978-3-658-42301-8

Kolibri 360 GmbH
Ferdinand-Jühlke-Straße 7
99095 Erfurt, Deutschland
produktsicherheit@kolibri360.de